ISSN 0021-1915

16. JAHRGANG · SEITEN 37 72 · BERLIN FEBRUAR 1980

IPRAX 16 16 (2) 37—72 (1980)

32036

2

isotopenpraxis

EVP 9,— M

AKADEMIE-VERLAG

ISOTOPENPRAXIS

herausgegeben von J. Mühlenpfordt, Berlin · C. F. Weiss, Leipzig

An unsere Autoren

Die Zeitschrift veröffentlicht Beiträge zu folgenden Themen: Kontrolle und Analyse radioaktiver und stabiler Isotope, Anwendung radioaktiver und stabiler Isotope in allen Gebieten der Forschung und Technik, der Industrie, Landwirtschaft und Medizin, Herstellung radioaktiver und stabiler Isotope sowie von markierten Verbindungen, kernelektronische Geräte für die Isotopenanwendung (Dickenmesser, Dichtemesser u. ä.) Detektoren für isotopentechnische Arbeiten und den Strahlenschutz in Isotopenlaboratorien, Meßtechnik und Strahlenschutz, Dosimetrie in Isotopenlaboratorien, kerntechnische Geräte für die Isotopenanwendung (Betron, Bestrahlungsanlagen u. ä.), Strahlenchemie, Radiochemie, ökonomische und perspektivische Fragen, Fragen der Weiterbildung.

1. Aufnahme von Manuskripten

Zur Veröffentlichung angenommen werden nur druckreife, noch nicht anderweitig publizierte Beiträge in deutscher, englischer oder russischer Sprache zum Themenbereich der Zeitschrift und zwar

Originalarbeiten
Kurze Originalmitteilungen
Aus der Praxis
Zusammenfassende Berichte
Tagungsberichte
Informationen.

Sind der Beitrag oder Teile daraus bereits veröffentlicht oder ist eine anderweitige Veröffentlichung vorgesehen, so muß dies der Redaktion mit genauer Angabe der Zweitveröffentlichung mitgeteilt werden. Mit der Annahme des Manuskriptes behält sich der Verlag das Recht der Vervielfältigung, Verbreitung und Übersetzung innerhalb der gesetzlichen Schutzfrist vor. Auszugsweiser Nachdruck oder photomechanische u. a. Wiedergabe sind an eine schriftliche Genehmigung des Verlages gebunden. Manuskripte, Zeichnungen und Photos von veröffentlichten Arbeiten werden nur auf den besonderen und bis zum Zeitpunkt der Veröffentlichung mitgeteilten Wunsch des Autors zurückgesandt.

Bei der unverlangten Einreichung von Manuskripten wird empfohlen, eine Befürwortung eines der Herausgeber oder Redaktionsausschußmitglieder beizufügen.

Manuskripte sind einzureichen bei der Redaktion, DDR-108 Berlin, Leipziger Str. 3–4.

2. Form der Manuskripte

Die Autoren werden gebeten:

2 Manuskripte, eines davon in Original-Maschinenschrift, einseitig und mit 2zeiligem Abstand einzureichen; gut leserliche Photokopien sind zulässig; auf dem 1. Blatt (unter Weglassung der Bezeichnung)
den Titel der Arbeit
Vorname-Initialen und Namen sämtlicher Autoren
gegebenenfalls die Institution, in der sie tätig sind
eine kurze Zusammenfassung der Arbeit von höchstens 15 Zeilen
Keywords in alphabetischer Reihenfolge und
als Fußnote die Anschrift der Institution anzugeben;
wenn möglich auf gesonderten Blättern Namen, Titel der Arbeit und Zusammenfassung in den beiden anderen obengenannten Sprachen 2fach beizufügen;
Literaturhinweise (fortlaufend numeriert), Fußnoten, Tabellen, Abbildungen (in etwa 2facher Veröffentlichungsgröße), Abbildungsunterschriften (getrennt von den Abbildungen, mit Zeichenerklärungen, Quellenangaben, falls erforderlich, und gegebenenfalls mit einem Vermerk für besondere Wünsche bezüglich der Abbildungsgröße), private und Dienstanschrift der Verfasser mit akademischen Titeln und ausgeschriebenen Vornamen auf besonderen Blättern ans Ende des Manuskriptes zu stellen;

Wünsche für den Kolumnentitel (Seitenüberschrift) bekanntzugeben;
Absätze durch Einzüge von mindestens 3 Anschlägen kenntlich zu machen;
die Maßeinheiten des SI-Systems ("Systéme International") zu verwenden;
Korrekturen im Manuskript unmittelbar an der zu korrigierenden Stelle anzubringen;
Formeln deutlich lesbar und möglichst groß einzutragen;
Farbabbildungen und nachträgliche Änderungen oder Ergänzungen in Abbildungen zu vermeiden;
hervorzuhebende Textstellen zu unterstreichen, und zwar halbfetten Satz mit einer geraden schwarzen Linie, kursiven Satz (Schrägschrift) mit einer blauen Wellenlinie (alle Eigennamen). Sperrungen gestrichelt;
besondere Buchstaben durch farbige Unterstreichung zu kennzeichnen, und zwar Formelzeichen in

Griechisch-Kursiv (α, β, ...) rot,
Kursiv (A, B, ...) blau
halbfetter Kursiv ($\boldsymbol{A}$, $\boldsymbol{B}$, ...) 2 Linien blau (Vektoren),
halbfetter Grotesk (**A**, **B**, ...) 2 Linien violett (Tensoren);

bei Literaturangaben auf Vollständigkeit zu achten. In nachstehender Reihenfolge müssen angegeben sein:

a) bei *Zeitschriften*: Vorname-Initialen und Namen sämtlicher Autoren, Titel der Zeitschrift (nach „Periodica Chimica" oder möglichst wenig gekürzt), Bandnummer (unterstrichen), Jahreszahl (in Klammern), Heftnummer (nur bei Zeitschriften, die jedes Heft mit S. 1 beginnen) sowie die Seitenzahl, auf der die zitierte Arbeit beginnt.

b) bei *Büchern*: Initialen der Vornamen und Name des Autors (Herausgeber werden durch den Zusatz „ed." gekennzeichnet), voll ausgeschriebener Titel des Buches in der Originalsprache, evtl. Bandnummer, voll ausgeschriebener Name des Verlages, Nummer der Auflage (außer der ersten), Erscheinungsort(e), Erscheinungsjahr (hier nicht in Klammern setzen!) und evtl. Kapitelnummer, Seitenzahl u. ä.

c) bei *Sammelbänden, Tagungsberichten*: Es soll zusätzlich der Titel des zitierten Beitrags angegeben werden. Die Seitenzahl muß unbedingt angegeben werden. Aus dem Zitat muß hervorgehen, ob es sich um einen Tagungssammelband oder um einen noch nicht veröffentlichten Vortrag handelt. Zwischen Tagungsort und Erscheinungsort des entsprechenden Tagungsberichts ist zu unterscheiden.

3. Korrekturen

Der Autor erhält zwei Umbruchabzüge, von denen einer möglichst schnell korrigiert an die Redaktion zurückgereicht werden soll. Auf Wunsch des Autors kann die Korrektur auch von der Redaktion gelesen werden.

Durch nachträgliche Manuskriptänderungen verursachte Korrekturkosten gehen, sofern sie 10% der Satzkosten übersteigen zu Lasten des Autors.

Der Autor erhält 50 Sonderdrucke kostenlos. Weitere Sonderdrucke können bis zur Rückgabe der Korrekturabzüge auf Kosten des Autors bei der Redaktion bestellt werden.

Bezugsmöglichkeiten

Bestellungen sind zu richten

- in der DDR an den Postzeitungsvertrieb; an eine Buchhandlung oder an den AKADEMIE-VERLAG, DDR-1080 Berlin, Leipziger Straße 3–4
- im sozialistischen Ausland an eine Buchhandlung für fremdsprachige Literatur oder an den zuständigen Postzeitungsvertrieb
- in der BRD und Westberlin an eine Buchhandlung oder an die Auslieferungsstelle KUNST UND WISSEN, Erich Bieber, 7000 Stuttgart 1, Wilhelmstraße 4–6
- in Österreich an den Globus-Buchvertrieb, 1201 Wien, Höchstädtplatz 3
- in den übrigen westeuropäischen Ländern an eine Buchhandlung oder an die Auslieferungsstelle KUNST UND WISSEN, Erich Bieber GmbH, CH-8008 Zürich/Schweiz, Duforstraße 51
- im übrigen Ausland an den Internationalen Buch- und Zeitschriftenhandel; den Buchexport, Volkseigener Außenhandelsbetrieb der Deutschen Demokratischen Republik, DDR-7010 Leipzig, Postfach 160, oder an den AKADEMIE-VERLAG, DDR-1080 Berlin, Leipziger Straße 3–4

Zeitschrift „Isotopenpraxis"

Herausgeber: Im Auftrag des Akademie-Verlages herausgegeben von Prof. Dr. Justus Mühlenpfordt und Prof. Dr. Carl Friedrich Weiss
Verlag: Akademie-Verlag, DDR-1080 Berlin, Leipziger Straße 3–4; Fernruf 2 23 62 21 oder 2 23 62 29; Telex-Nr. 114 420;
Bank: Staatsbank der DDR, Berlin, Kto.-Nr.: 6836-26-20712
Chefredakteur: Dr. Klaus Uhlig, Berlin
Anschrift der Redaktion (Fernruf: 6 35 11 77) der Zeitschrift Isotopenpraxis: Akademie-Verlag, DDR-1080 Berlin, Leipziger Str. 3–4
Veröffentlicht unter der Lizenznummer 1527 des Presseamtes beim Vorsitzenden des Ministerrates der Deutschen Demokratischen Republik
Gesamtherstellung: VEB Druckerei „Thomas Müntzer", DDR-5820 Bad Langensalza
Erscheinungsweise: Die Zeitschrift „Isotopenpraxis" erscheint monatlich. Die 12 Hefte eines Jahrganges bilden einen Band. Bezugspreis je Band 144,– M zuzüglich Versandspesen (Preis für die DDR 108,– M). Preis je Heft 12,– (Preis für die DDR 9,– M)
Bestellnummer dieses Heftes: 1079/16/2

AN (EDV) 12831

ISOTOPENPRAXIS ISSN 0021-1915

Band 16 (1980) Heft 2, S. 37–72

Redaktion und Verlag: Akademie-Verlag, Redaktion Isotopenpraxis, 1080 Berlin, Leipziger Straße 3–4

Inhaltsverzeichnis

H. Hübner, W. Lötzsch

Nukleare Analysenmethoden in der Geochemie und Geophysik

Isotopenpraxis **16** (1980) H. 2, S. 37 bis 51
10 Abb., 5 Tab., 60 Lit.

Die modernen Methoden der geochemischen Prospektion bedürfen einer Vielzahl sehr empfindlicher und leicht zu handhabender analytischer Methoden, um Gehaltsbestimmungen von Elementen vornehmen zu können, die volkswirtschaftlich bedeutsam sind. Es wird ein Überblick über die Anwendung nuklearer Methoden in der Geochemie und Geophysik gegeben, einschließlich der nuklearen Bohrlochmeßtechnik. Die radiometrischen Methoden, die Aktivierungsanalyse mit Neutronen und hochenergetischen Photonen und die Röntgenfluoreszenanalyse werden beschrieben. Einige Beispiele sollen verdeutlichen, auf welche Weise die sehr großen Datenmengen zur Interpretation der Entstehung von Lagerstätten angewendet werden, um so die geologische Geschichte der Erde zu verstehen.

Originalarbeiten

K. Groche, H. Greupner

Über die Weiterentwicklung der Manganbadmethode zur Darstellung der Einheit der Quellstärke radioaktiver Neutronenquellen im ASMW

Isotopenpraxis **16** (1980) H. 2, S. 51 bis 56
4 Abb., 8 Tab., 26 Lit.

Es wird über die Weiterentwicklung der Methode der Absolutmessung der Quellstärke radioaktiver Neutronenquellen nach der Manganbadmethode im ASMW berichtet. Durch den Einsatz eines Vielkanalanalysators zur Registrierung der vom Szintillationsmeßkopf abgegebenen Impulse bei der Aktivitätsmessung im Manganbad wurde das Problem der Konstanzüberwachung der Meßapparatur besser gelöst.
Mit der verbesserten Manganbadmethode wurden die Quellstärkewerte der Sekundärnormal-Neutronenquellen des ASMW des Reaktionstyps $^{241}AmBe(\alpha, n)$, $^{239}PuBe(\alpha, n)$ und $RaBe(\alpha, n)$ mit einer Meßunsicherheit kleiner 2,0% bestimmt.

D. Klötzer

Untersuchungen zum Einfluß von Fe^{3+}-Ionen auf die Photolysegeschwindigkeit des Systems [1-^{14}C]Tributylzinnoxid/Cellulose

Isotopenpraxis **16** (1980) H. 2, S. 56 bis 58
Abb., – Tab., 13 Lit.

Es werden Untersuchungen zum Einfluß des Eisengehaltes der Cellulosematrix auf die Photolyse des ^{14}C-markierten Biocids [1-^{14}C]Tributylzinnoxid beschrieben. Die Experimente wurden im Spektralbereich 300–370 nm durchgeführt. Fe^{3+}-Ionen erhöhen die Photolysegeschwindigkeit der Organozinnverbindung signifikant.

M. Okamoto, T. Oi, Y. Fujii, H. Kakihana

*p*H- und Stromdichteabhängigkeit des Isotopieeffekts bei der Elektromigration von Uranylionen in einer Kationenaustauschermembran (*in Englisch*)

Isotopenpraxis **16** (1980) H. 2, S. 58 bis 61
7 Abb., 2 Tab., 11 Lit.

Es wurde experimentell gezeigt, daß bei der Isotopentrennung durch Elektromigration die Verwendung einer Kationenaustauschermembran als Wanderungsmedium zu einer verbesserten Trennung von Uranisotopen führen kann. Eine für den Betrieb praktikable modifizierte Apparatur und eine verbesserte Technik wurden erarbeitet, die unter durchschnittlichen Bedingungen einen merklichen Isotopieeffekt ergeben. Ferner wird über einige vorläufige Ergebnisse hinsichtlich der *p*H- und Stromdichteabhängigkeit der Isotopieeffekte berichtet; diese werden unter dem Gesichtspunkt der Hydrolyse der Uranylionen diskutiert.

H. Johansen, F. Pörner

Isotopieeffekte in Atomübertragungsreaktionen in der Gasphase. I.

Isotopenpraxis **16** (1980) H. 2, S. 61 bis 65
1 Abb., 4 Tab., 13 Lit.

Im Bereich niedriger kinetischer Energien wurden anhand der Quanten-Phasenraumtheorie unter Berücksichtigung der Rotationsfreiheitsgrade der Reagentien und der Produkte die Wirkungsquerschnitte und Isotopieeffekte der Atom(Ion)-zweiatomiges Molekül-Reaktionen $Ba + O_2$, $K + BrH$, $C^+ + H_2$ berechnet.

Kurze Originalmitteilungen

K.-P. Dostal, H. Kupsch

Reinigung von Generator-^{99m}Tc durch Lösungsmittelextraktion

Isotopenpraxis **16** (1980) H. 2, S. 65
– Abb., – Tab., 4 Lit.

H.-G. Könnecke, J. Leonhardt, R. Otto, A. Hennig

Zur Kenntnis des Fließverhaltens von Gülle

Isotopenpraxis **16** (1980) H. 2, S. 66
1 Abb., – Tab., 2 Lit.

A. Runge

Fortschritte bei der Probenchemie des Wasserstoffs für die Präzisionsisotopenanalyse an organischen Verbindungen und mineralisierten Wässern

Isotopenpraxis **16** (1980) H. 2, S. 67 bis 68
– Abb., 2 Tab., 2 Lit.

Informationen

Isotopenpraxis **16** (1980) H. 2, S. 68 bis 70

Buchbesprechungen

Isotopenpraxis **16** (1980) H. 2, S. 70 bis 72

ISOTOPENPRAXIS

Band 16 (1980) Heft 2, S. 37–72

Redaktion und Verlag: Akademie-Verlag, Redaktion Isotopenpraxis, 1080 Berlin, Leipziger Straße 3–4

Contents

Содержание

Nukleare Analysenmethoden in der Geochemie und Geophysik*)

H. Hübner[1]), *W. Lötzsch*[2])

([1]) Zentralinstitut für Isotopen- und Strahlenforschung der AdW der DDR, Leipzig; [2]) VEB Geophysik, Leipzig)

Die modernen Methoden der geochemischen Prospektion bedürfen einer Vielzahl sehr empfindlicher und leicht zu handhabender analytischer Methoden, um Gehaltsbestimmungen von Elementen vornehmen zu können, die volkswirtschaftlich bedeutsam sind. Es wird ein Überblick über die Anwendung nuklearer Methoden in der Geochemie und Geophysik gegeben, einschließlich der nuklearen Bohrlochmeßtechnik. Die radiometrischen Methoden, die Aktivierungsanalyse mit Neutronen und hochenergetischen Photonen sowie die Röntgenfluoreszenzanalyse werden beschrieben. Einige Beispiele sollen verdeutlichen, auf welche Weise die sehr großen Datenmengen zur Interpretation der Entstehung von Lagerstätten angewendet werden, um so die geologische Geschichte der Erde zu verstehen.

(B31; B11) INIS DESCRIPTORS:

activation analysis; geochemistry; geologic deposits; geophysics; isotope ratio, natural radioactivity; ores; prospecting; radioactivity logging; radiometric analysis; reviews; X-ray fluorescence analysis

Ganz in der Nähe des Erzberges in der Steiermark liegt der tiefgrüne Leopoldsteinersee. Vor langer Zeit wurde dort ein Wassermann gesichtet, was die Neugier der Menschen ungeheuer anregte. Durch eine List wurde er schließlich in eine Falle gelockt. Für seine Freiheit bot er als Lösegeld reichen Bergsegen: entweder Gold für einen Tag, Silber für ein Jahr oder Eisen für immer. Nach einigem unentschlossenen Hin und Her wählten die Wächter schließlich Eisen, und so kommt es, daß seit undenklicher Zeit hochwertiges Eisenerz — das Siderit mit einem Eisengehalt von 40% — im Tagebau gewonnen wird; im Jahre 1975 beispielsweise 3,83 Millionen Tonnen Eisen, das sind 509 kg Eisen pro Kopf der Bevölkerung Österreichs [1].

Diese Episode muß sich wirklich vor sehr langer Zeit zugetragen haben; denn heute kämen wir in arge Verlegenheit, sollten wir uns zwischen den vielen denkbaren Angeboten an Metallen und anderen Rohstoffen der Erde entscheiden. Während im Altertum nur rund 15 Elemente genutzt wurden und im Mittelalter erst ungefähr 25, sind es heute rund 80 Elemente des Periodensystems, die für die unterschiedlichsten Zwecke in ganz verschiedenen Mengen benötigt werden. Dieser hohe und ständig wachsende Bedarf an fast allen Elementen des Periodensystems setzt eine gezielte Suche und Erkundung ihrer Vorkommen voraus, und so muß die geologische Industrie eines Landes für die übrigen Zweige der Volkswirtschaft zwei Fragen beantworten, nämlich, ob es ein Vorkommen an diesem oder jenem Rohstoff gibt und, wenn ja, wieviel davon vorhanden ist. Die Antworten auf diese Fragen müssen mit hoher Verbindlichkeit erfolgen, denn davon leitet sich eine Reihe zu fällender Nachfolgeentscheidungen ab.

Die chemischen Elemente sind seit der Bildung unseres Sonnensystem, ziemlich gleichförmig verteilt, wenn wir von den Auswirkungen der unterschiedlichen Aufheizungen der Planeten und des Mondes und der darauf folgenden Trennung absehen. In den obersten Schichten unserer Erde sind alle Elemente in einer mittleren Häufigkeit vorhanden, die nach dem amerikanischen Geochemiker *Frank Wigglesworth Clarke* (1847—1931; er wirkte u. a. in Cincinnati und Washington) auch *Clarke*-Zahl genannt wird. So beträgt der mittlere Cu-Gehalt der Erdkruste 0,01 Gew.-%, während aus ökonomischen Gründen die Abbauwürdigkeit bei Kupfer je nach Größe des Vorkommens heute zwischen 0,5 ... 1 Gew.-% liegt. Das war nicht immer so, wie aus Tab. 1 für Cu und für einige andere Elemente zu entnehmen ist [2]. In dieser Tabelle sind neben den ökonomisch diktierten Abbaugrenzen auch die jeweiligen Anreicherungsfaktoren, bezogen auf die *Clarke*-Zahl, angegeben. Außerdem sollte vermerkt werden, daß die Abbauwürdigkeitsgrenze von Uran in Südafrika

Tab. 1. Abbauwürdigkeitsgrenzen von Metallen

für Kupfer

Zeitraum	Abbauwürdigkeitsgrenze in Gew.-%	Anreicherungsfaktor bezogen auf Clarke-Zahl von 0,01 Gew.-%
Anfang des 19. Jh.	10,0	1000
1881—1890	5,2	520
1891—1900	3,80	380
1901—1910	2,06	206
1911—1920	1,64	164
1921—1930	1,52	152
1931—1940	1,58	158
1941—1950	0,97	97
1951—1961	0,80	80
gegenwärtig	~ 0,50	50

Zum Vergleich: Manganknollen — bis zu 1,5 Gew.-%
Mansfelder Kupferschiefer — ~ 1,5 ... 3 Gew.-%
Erzschlämme — 0,5 ... 0,9 Gew.-%

für einige andere Metalle

Metall	*Clarke*-Zahl ppm	Abbauwürdigkeitsgrenze, Gew.-%	Anreicherungsfaktor
U	2,7	0,1	370
Zn	70	4,0	571
Pb	12,5	4,0	3200
Ag	0,07	0,05	7143
W	1,5	1,6	10666
Au	0,004	0,005	12500

*) Erweiterte Fassung eines Vortrages, der auf der 2. Internat. Tagung „Nukleare Analysenverfahren", 19.—23. 3. 1979, Dresden (DDR), gehalten wurde.

Anschriften: [1]) 705 Leipzig, Permoserstr. 15; [2]) 7024 Leipzig, Bautzener Str. 67

deshalb bei 0,02 Gew.-% liegt, weil dort die Urangewinnung praktisch neben der Goldgewinnung betrieben wird [3].

Wir wollen festhalten: Die wirtschaftlichen Ansprüche an die Konzentration einer Lagerstätte richten sich nach dem Wert der Rohstoffe oder Metalle und der Größe der Lagerstätte. Fragen der Abbautechnologie, der Aufbereitung und der Umweltbelastung sind heute mit entscheidend für eine Lagerstätte, aber immer gilt es, erhöhte Gehalte an einem Element, einer Verbindung oder einem Mineral zu finden, also mit Hilfe analytischer Verfahren nachzuweisen, wie es am Beispiel des Kupfers schematisch in Abb. 1 dargestellt ist.

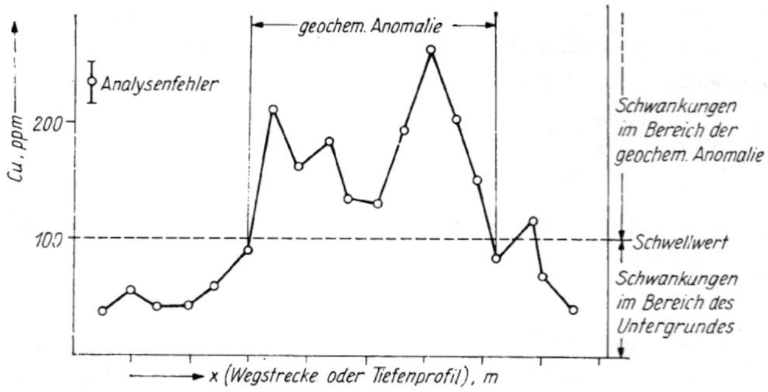

Abb. 1. Geochemische Anomalie des Kupfers (schematisch)

Die Festlegung eines Schwellenwertes muß aufgrund statistischer Signifikanztests erfolgen und wird im wesentlichen durch die Schwankungsbreiten des eingesetzten Analysenverfahrens und von den notwendigen Sicherheitsgrenzen der gewünschten Angaben bestimmt. Ein Kontrastverhältnis, der Quotient aus geochemischer Anomalie und Untergrundrauschen, muß auf jeden Fall größer als 2:1 sein, im Normalfall 10:1.

Es ist naheliegend, daß man schon aus der Ferne, von oben, wissen möchte, welche wertvollen Rohstoffe sich in welchen Mengen unter der Erdoberfläche befinden. Die Prospektion, vom lateinischen Wort prospectare (aus der Ferne hinschauen, Ausschau halten, sich umschauen) abgeleitet, hat viele Methoden ersonnen, um diesen Fernblick zu ermöglichen — so im Rahmen der angewandten Geophysik die Seismik, Gravimetrie, Elektrik, Magnetik auch andere Verfahren. Die Bodenluft kann Hinweise auf darunterliegende Erdgas- und Erdöllagerstätten und auf Kohleflöze geben, ein bestimmter Pflanzenwuchs (sog. Indikatorpflanzen) kann auf Buntmetallvorkommen hindeuten. So kann der Zinkgehalt in den Aschen bestimmter Thlapsi-Arten (Hellerkräuter) bis zu 16% und mehr betragen [4]. In ganz ähnlicher Weise werden sich auch Lagerstätten radioaktiver Erze durch ihre Kernstrahlung oder durch flüchtige Zwischenprodukte (Emanationen-^{222}Rn) der natürlichen Zerfallsreihen verraten. So kann die U/Th-Prospektion in unwirtlichen Gegenden — Beispiel Grönland [5] — vom Flugzeug aus in einer Höhe von 50 m über dem Erdboden vorgenommen werden. Dabei wird im Falle des Urans die γ-Strahlung des Folgeproduktes ^{214}Bi (1,76 MeV = = 282 fJ) und im Falle des Thoriums die härtere γ-Strahlung des ^{208}Tl (2,62 MeV = 420 fJ) durch zwei NaJ(Tl)-Detektoren und einen Vierkanalimpulshöhenanalysator registriert bzw. auf Magnetband gespeichert. Der ^{222}Rn-Strom aus dem Boden in die Atmosphäre, der im Mittel $2 \cdot 10^{-10}$ Ci/cm$^2 \cdot$ s ausmacht, aber je nach Durchlässigkeit des Bodens variieren kann [6], hängt noch in starkem Maß von den meteorologischen Bedingungen ab, so daß ein täglicher Gang um eine oder mehrere Größenordnungen schwanken kann [7]. Die Aeroradiometrie ist außerdem an einige weitere Voraussetzungen gebunden: möglichst ebenes Gelände, das frei von glazialem Schutt, von Sümpfen oder starker Vegetation sein sollte. Der Grund dafür ist die Selbstabsorption der γ-Strahlung, die eigentlich nur aus den obersten 30 cm des Bodens abgegeben wird. Um zur Auffindung einer Lagerstätte für radioaktive Erze zu kommen, muß ähnlich der geochemischen Anomalie eine radioaktive Anomalie definiert werden, die aus fehlerstatistischen Gründen als diejenige anzusehen ist, die sich um mindestens den Faktor 4 vom normalen Untergrund abhebt [8]. Seit dem großen sowjetischen Geochemiker *Wladimir Jeranowitsch Wernadski*, der 1945 starb, nennt man dieses Sondergebiet der Erkundung radioaktiver Elemente auch Radiogeologie oder Radiogeochemie. Auf dem 1. Allunions-Kongreß über Radiogeochemie in Nowosibirsk vom 15.—19. 2. 1972 wurden allein zu diesem Thema 53 Vorträge gehalten [9].

Um sich Kenntnisse über den tieferen Untergrund zu verschaffen, wird man nicht umhinkommen, eine Erkundungsbohrung niederzubringen, ein je nach Tiefe nicht nur technisch, sondern auch ökonomisch aufwendiges Unternehmen; und es wird ein naheliegendes Bestreben sein, soviel wie nur irgend möglich an Informationen daraus zu erhalten. Wir müssen im Sinne der Anwendung von nuklearen Analysenverfahren zwei Fälle unterscheiden: entweder kerngeophysikalische Meßverfahren im Bohrloch selbst oder aber an Bohrkernen, die bei Unterbrechung des Bohrvorganges in entsprechender Tiefe als Probenmaterial gewonnen werden.

Zunächst zu den kerngeophysikalischen Bohrlochmeßverfahren, deren Grundprinzip darin besteht, daß sowohl γ-Quanten als auch Neutronen die in Tiefbohrungen notwendigen Schutzhüllen relativ ungehindert durchdringen können und in den zu untersuchenden geologischen Formationen mit einer gewissen Eindringtiefe charakteristische Wechselwirkungsprozesse hervorrufen können, die analytische Schlüsse zulassen. Zu den Routine-Bohrlochmeßverfahren zählen wir heute die Verfahren

Gamma (γ), G	die Messung der γ-Strahlung der natürlich radioaktiven Nuklide und ihrer Streustrahlung (erstmalig 1939 angegeben von *Howell* und *Frosch* [10])
Neutron-Gamma (n, γ), NG	Messung der Neutroneneinfang-γ-Strahlung und ihrer Streustrahlung (erstmals 1941 angegeben von *B. Pontecorvo* [11])
Neutron-Neutron (n, n), NN	Messung der abgebremsten epithermischen oder thermischen Neutronen
Gamma-Gamma (γ, γ), GG	Messung der gestreuten γ-Strahlung.

Sie dienen der Korrelation von Bohrloch zu Bohrloch, der lithologischen Gliederung, der Porositäts- bzw. Dichtebestimmung. Abb. 2a zeigt ein Teilmeßergebnis aus einem Ton-Sandsteinprofil mit den Verfahren NG, G, Akustiklog (Messung der Schallgeschwindigkeit), dem fokussierten Widerstandsverfahren Laterolog 3 und Kaliber. Die dick ausgezogenen Kurven stellen die analog gemessenen Primärergebnisse dar, während die dünn ausgezogenen Stufenkurven die maschinell berechneten und aufgezeichneten wahren Meßwerte für die einzelnen Schichten zeigen. Die Genauigkeitsgrenzen für die herkömmliche Meßtechnik (Zählrohr- bzw. Szintillationstechnik) liegen fest, es sind genügend Erfahrungen hinsichtlich Verfahrens- und Interpretationsmethodik vorhanden. Diese Verfahren sind hinreichend quantitativ auswertbar, so daß ein Übergang zur Digitalregistrierung und maschinellen Bearbeitung der Meßergebnisse zusammen mit den anderen Bohrlochmeßverfahren möglich ist.

Aus diesen wahren Meßwerten werden dann (Abb. 2b) die interessierenden Parameter, wie hier z. B. Tongehalt, Porosität nach NG und nach AL, die Wassersättigung und die Lithologie berechnet und maschinell dargestellt.

Die Untertage-Standardausrüstungen haben heute Maximalparameter hinsichtlich der äußeren Meßbedingungen von

443 bis 473 K (170 bis 200 °C)

100 MPa (etwa 10^3 kp/cm²)

bei Bohrlochdurchmessern von 300 mm bis 36 mm entsprechend dem jeweiligen Einsatz- bzw. Teufenbereich. Sonderexemplare der Meßausrüstung für ultratiefe Bohrungen in der UdSSR (auf der Halbinsel Kola) und in den USA müssen einschließlich Sicherheitsfaktoren mindestens 523 K (250 °C) und 150 MPa (etwa $1{,}5\ 10^3$ kp/cm²) genügen, wobei auch die Übertragungsprobleme über mehr als 10 km nicht zu unterschätzen sind.

Neben der Erkundung in großen Teufen sind die kerngeophysikalischen Bohrlochmeßverfahren in Flachbohrungen von mindestens gleicher Bedeutung, wie das Meßbeispiel (Abb. 3) aus einer Braunkohlebohrung mit den Verfahren Gamma und Gamma-Gamma zeigt. Die Ausgliederung des Kohleflözes erfolgt auf Grund seiner geringen Dichte nach Gamma-Gamma.

Die Fortschritte bestehen bei den Routinemeßverfahren G, NG, NN, GG nicht allein in der Erhöhung der Druck- und Temperatur-Einsatzparameter, sondern es zeichnen sich gerade bei den Neutronenverfahren Möglichkeiten des Einsatzes von Isotopen-Neutronenquellen mit höheren Quellstärken ab. Die bisher üblichen ^{239}Pu-, ^{241}Am- und ^{210}Po-Be-Quellen sind für die Bohrlochmessung aus geometrischen Gründen auf eine maximale Quellstärke von etwa 10^7 n/s beschränkt. Damit war inter-

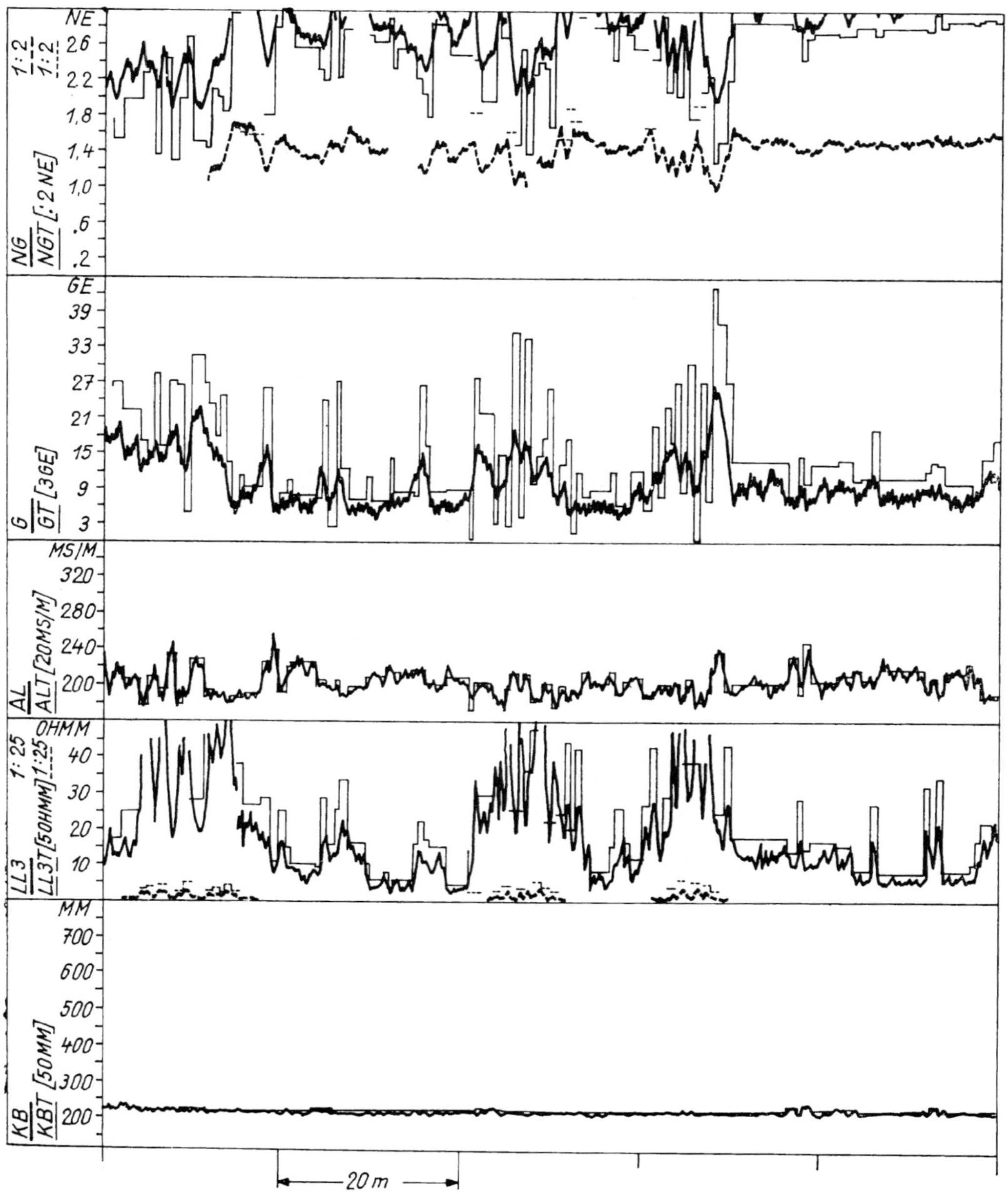

Abb. 2a. Teil-Bohrlochmeßergebnis aus einem Ton-Sandsteinprofil mit den Meßverfahren NG, G, AL, LL 3 und KB

Die dick ausgezogenen Kurvenzüge sind die analog registrierten Primärdaten; die dünn ausgezogenen Stufenkurven stellen die maschinell berechneten und aufgezeichneten wahren Meßwerte dar.

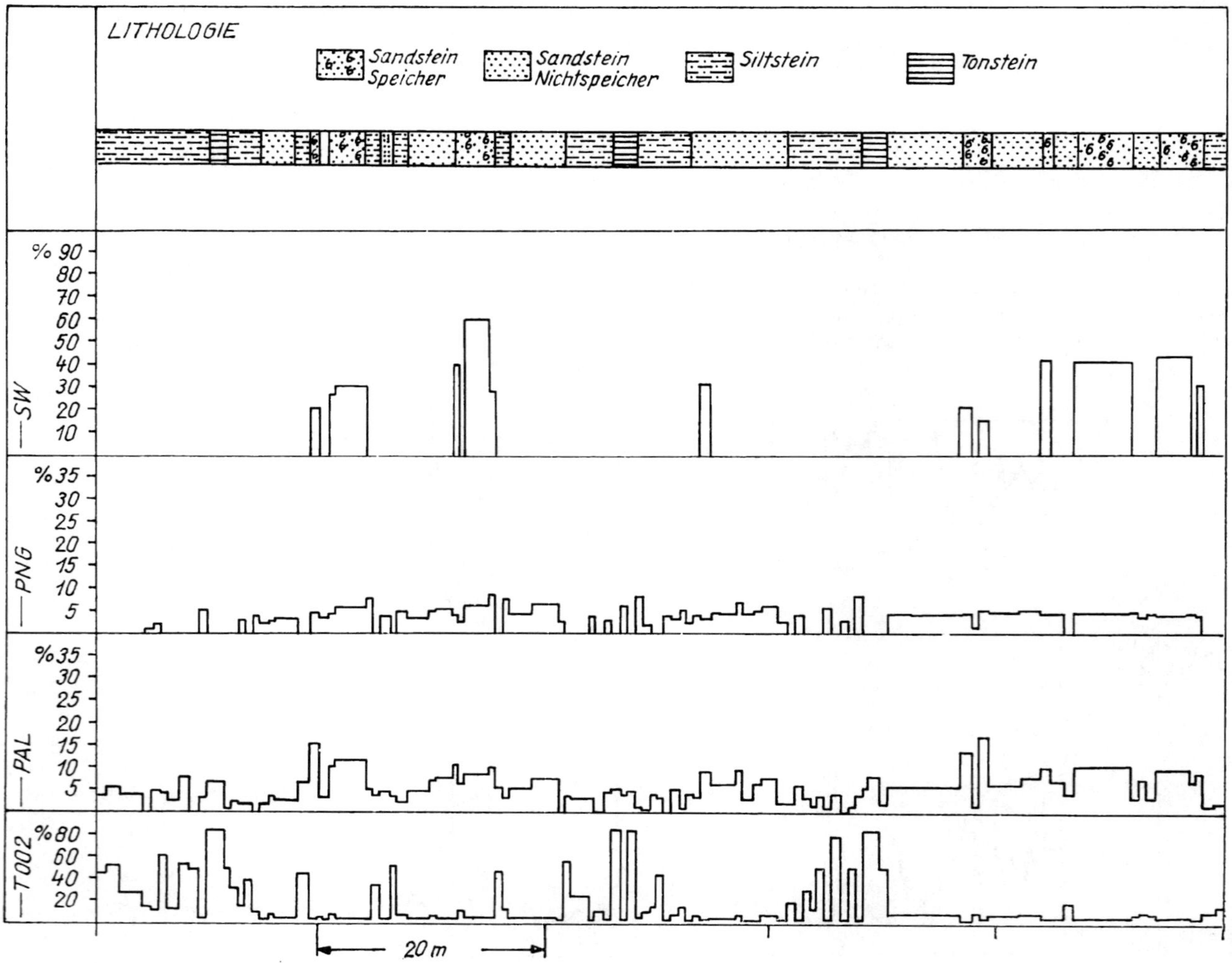

Abb. 2b. Maschinell berechnete und aufgezeichnete Werte für den Tongehalt (TOO2), die Porosität nach AL (PAL), die Porosität nach NG (PNG) und die Wassersättigung (SW), darüber die Lithologie nach den Ergebnissen der Abb. 2a

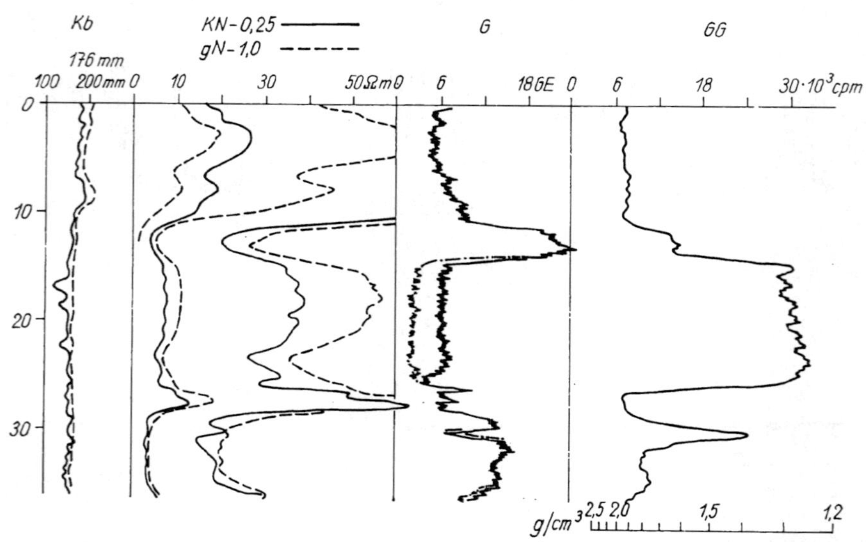

Abb. 3. Vermessung einer Braunkohlebohrung mit den Meßverfahren G und GG mit (Dichteskala)

national eine gewisse Standardisierung von Meßgeschwindigkeit, Sondenlänge (Abstand Quelle-Detektor) und Eindringtiefe erreicht. Mit dem ^{252}Cf-Nuklid (Halbwertszeit 2,65 a) und weicherer spektraler Verteilung der emittierten Neutronen steht nunmehr ein radioaktiver Stoff zur Verfügung, der eine hohe spezifische Aktivität besitzt und damit um den Faktor 10 bis 100 höhere Neutronenquellstärken erreichen läßt. Die damit möglichen größeren Sondenlängen erhöhen die Eindringtiefe, verbessern das Porositätsauflösungsvermögen und verringern die Einflüsse von Störparametern aus der unmittelbaren Umgebung des Bohrloches. Verbindet man die Verwendung höherer Quellstärken mit dem Einsatz hocheffektiver ^{3}He-Detektoren für thermische bzw. epithermische Neutronen, dann sind die prinzipiellen Grenzgenauigkeiten der Porositätsbestimmung sowohl im offenen, als auch im verrohrten und zementierten Bohrloch erreicht.

Für spezielle Erkundungsaufgaben besteht die Möglichkeit, die bei der Gamma-Messung üblicherweise registrierte Gesamt-γ-Strahlung durch Szintillationsspektrometrie elementspezifisch zu gestalten. Anwendungsbeispiele bis zu Teufen von 1500 m sind seit über 10 Jahren bekannt [12].

Neben dem konventionellen Neutron-Gamma-Verfahren sind seit etwa 15 Jahren weitere elementspezifische Verfahren in der Entwicklung und im Bohrloch im Einsatz, bei denen die aus den im Gebirge stattfindenden Neutroneneinfangprozessen resultierende γ-Strahlung spektrometrisch untersucht und in einem oder mehreren Energiekanälen kontinuierlich oder punktweise gemessen wird. Aus der neueren Literatur sind u. a. Anwendungsbeispiele über Eisenerzerkundung in Australien, Ni- und Hg-Erkundung in der UdSSR, S-Erkundung in der VR Polen und über komplexe Erzerkundung in Kanada bekannt geworden [13].

Kontinuierliche und punktweise Neutronenaktivierungsmessungen in Bohrlöchern bringen z. B. bei der Flußspaterkundung nach der Reaktion

$$^{19}F(n, \alpha)\,^{16}N \text{ mit schnellen Neutronen}$$

gute Ergebnisse. Auf Grund der Halbwertszeit des ^{16}N von 7,3 s mit Zerfallsenergien von 982,8 fJ (6,134 MeV) (68%) und 1139 fJ (7,112 MeV) (5%) lassen sich bei Abständen von über einem Meter zwischen Quelle und Detektor mit einfach diskriminierend arbeitender Elektronik (größer 500 fJ oder 3 MeV) kontinuierliche Messungen mit Fahrgeschwindigkeiten von ca. 7 m/min realisieren, die in Abhängigkeit vom Fluorgehalt des Gebirges zu relativen Meßfehlern im Prozentbereich führen [14].

Mit ^{252}Cf-Neutronenquellen wird das kontinuierliche Aktivierungslog für Al nach der Reaktion

$$^{27}Al(n, \gamma)^{28}Al \quad \text{mit} \quad T_{II} = 2{,}27\,\text{min} \quad \text{und} \quad E = 1{,}78\,\text{MeV} \; (285\,\text{fJ})$$

an Interesse gewinnen. Mit Pu-Be-Neutronenquellen bürgerte sich dieses Verfahren bisher nicht ein, weil der störende Einfluß von Si zu groß war.

Die Anwendung von Impulsneutronenquellen (14-MeV-Neutronen aus abgeschmolzenen Beschleunigerröhren auf der Basis der Deuterium-Tritium-Reaktion [15]) in Bohrlöchern hat zwar eine aufwendige Technik zur Folge, es lassen sich aber mit diesen Quellen unterschiedliche Meßverfahren bis hinab zu Sondendurchmessern von 42 mm realisieren. Zunächst kann aus dem logarithmischen Dekrement λ des mit der Zeit nach dem Neutronenimpuls abnehmenden Flusses thermischer Neutronen auf den makroskopischen Wirkungsquerschnitt Σ_G des umgebenden Gebirges geschlossen werden nach

$$\lambda = \frac{d \ln \varphi_{th}}{dt} \sim \Sigma_G$$

Andererseits läßt sich eine Bilanz der Neutronenquerschnitte des Gebirges in der Form ansetzen:

$$\Sigma_G = \Sigma_M(1-\varphi) + \Sigma_W\varphi \cdot S_W + \Sigma_{KW}\varphi \cdot (1 - S_W)$$

Entsprechend der Kenntnis der Werte

Σ_M für die Gesteinsmatrix
Σ_W für das Schichtwasser
Σ_{KW} für den enthaltenen Kohlenwasserstoff
φ für die Porosität
S_W für die Wassersättigung

lassen sich für die Lagerstättenüberwachung wichtige Parameter ermitteln. Darüber hinaus kann mit Bohrlochimpulsneutronengeneratoren und einer nach dem Impulsregime gesteuerten γ-spektrometrischen Meßtechnik, die während des Neutronenimpulses frei werdende γ-Strahlung aus unelastischen Streuprozessen gemessen und für elementspezifische Aussagen herangezogen werden [15]. Gleiches gilt (Abb. 4) für die zeitlich folgende γ-Strahlung aus Einfangprozessen epithermischer und thermischer Neutronen und aus der Aktivierung. Als Beispiel das O- und Si-Aktivierungslog:

Mit 14-MeV-Neutronen werden die Reaktionen

$$^{16}O(n, p)^{16}N \qquad ^{28}Si(n, p)^{28}Al$$

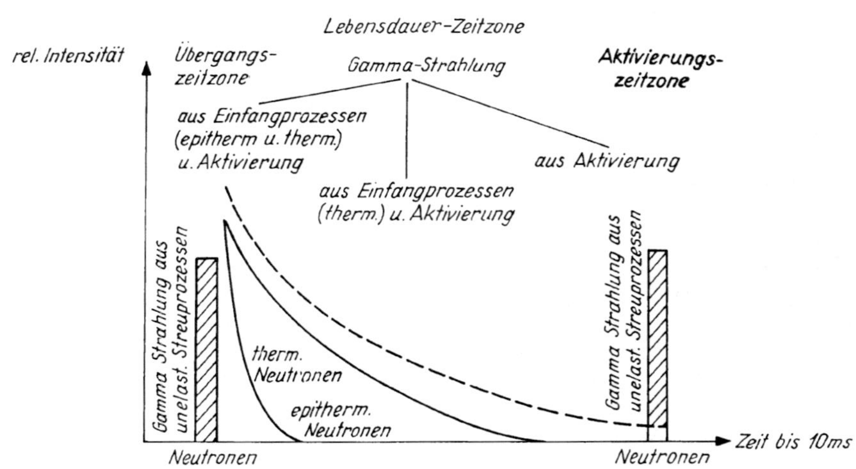

Abb. 4. Zeitliche Aufeinanderfolge der beim Impulsneutronenverfahren möglichen Sekundärstrahlungsprozesse nach [15]

eingeleitet mit den Halbwertszeiten der Reaktionsprodukte von

7,3 s   2,3 min

und den bereits oben genannten γ-Energien.

Optimale Meßbedingungen wurden erreicht bei einem Abstand Quelle – Detektor von

2 m   4 m

mit einer Fahrgeschwindigkeit von

10 m/min   4 m/min

Dadurch werden gegenseitige Beeinflussungen und Störungen durch andere Elemente weitgehend ausgeschaltet.

In diesem Zusammenhang sei kurz erwähnt, daß man in der UdSSR an der Entwicklung eines Bohrloch-γ-Strahlungsgenerators arbeitet, dessen wesentlicher Bestandteil eine gepulste Röntgenröhre ist, mit einer durchschnittlichen γ-Strahlungsenergie von 40 fJ (250 keV) und einer Maximalenergie von 90 bis 100 fJ (550 bis 600 keV). Dabei soll die Ausbeute des γ-Strahlung größer als 35 fJ (200 keV) in der Größenordnung von 10^{12} Photonen/s liegen. Damit besteht zukünftig eine weitere Möglichkeit der Erhöhung der Empfindlichkeit der GG-Bohrlochmeßverfahren [16].

Einige allgemeine Bemerkungen zur meßtechnischen Problematik der kerngeophysikalischen Bohrlochmeßverfahren:

Das Ziel bohrlochgeophysikalischer Untersuchungen ist die Bestimmung geologisch-lagerstättenkundlicher Parameter wie Geometrie einer Lagerstätte, Porosität, Wassergehalt, Speicherinhalt, Dichte, Salzgehalt, Aschegehalt bzw. Heizwert von Kohle, bodenmechanische Parameter u. a. bzw. die direkte Bestimmung von Gehalten eines oder mehrerer chemischer Elemente als Funktion der Teufe. Dieses weitergehende Ziel der Gehaltsbestimmung in situ, d. h. die direkte chemische Analytik, ist infolge des im allgemeinen elementspezifischen Charakters der kernphysikalischen Verfahren prinzipiell erreichbar.

Auf den direkten funktionellen Zusammenhang zwischen Meßwert MW und zu messendem Parameter P wirken immer eine Reihe von Störfaktoren ein. Im einfachsten Fall kann man ansetzen

$$MW = k \cdot f(P; p_i, p_a)$$

p_i: innere Störparameter, die auf die komplizierte Zusammensetzung des Untersuchungsmediums zurückzuführen sind

p_a: äußere Störparameter, bedingt durch das Bohrloch selbst, seine Geometrie (Durchmesser oder Kaliber), Art der Spülung, eventuell Verrohrung.

Außerdem können Schichtmächtigkeitseffekte und die Fahrgeschwindigkeiten der Bohrlochmeßsonden die Meßergebnisse beeinflussen. Es ist deshalb notwendig, die kerngeophysikalischen Bohrlochmeßverfahren hinsichtlich des zu messenden Parameters zu optimieren und die auftretenden Störfaktoren, wenn möglich, durch das Verfahren zu minimieren und quantitativ zu erfassen. Theoretisch ist dieses Problem nur in Ausnahmefällen mit genügender Genauigkeit lösbar; auf die zahlreichen tiefgründigen theoretischen Arbeiten zur Ausbreitung und Wechselwirkung von Kernstrahlungen in ausgedehnten Medien, ausgehend von der *Boltzmann*schen Transportgleichung mit ihren Näherungsverfahren bis zu den stochastischen Verfahren nach der Monte-Carlo-Methode, kann hier nur verwiesen werden. Im allgemeinen ist es erforderlich, die quantitativen Zusammenhänge zwischen Meßwert und Parameter und die Einflüsse der Störfaktoren durch Modelluntersuchungen zu ermitteln, wobei der Aufbau derartiger Modelle vor allem für die tiefeindringenden Verfahren aufwendig und diffizil ist.

In einer tabellarischen Übersicht sind die behandelten kerngeophysikalischen Bohrlochmeßverfahren mit den zu messenden Parametern, den wirkenden inneren Störparametern und der Art der Meßwertbildung zusammengefaßt (Tab. 2).

Weiterhin sei vermerkt, daß in Bohrlöchern umschlossene radioaktive Strahlungsquellen zur untertägigen Markierung von Festpunkten und offene radioaktive Strahlungsquellen bzw. mit Neutronen zu aktivierende Stoffe zur untertägigen Markierung fester, flüssiger oder gasförmiger Medien und zusammen mit einer geeigneten Meßtechnik zur Fließweg-, Fließrichtungs-

Tab. 2. Kerngeophysikalische Bohrlochmeßverfahren

Meßverfahren	Meßparameter P	innerer Störparameter p_i	Meßwertbildung
G	Äquivalentgehalt	WW^G	IHD
$G_{spektrom.}$	U-, Th-, K-Gehalt	WW^G	IHA
GG	Elektronendichte	Z_{eff}	IHD
$GG_{selektiv}$	Z_{eff}	Elektronendichte	IHA
$GG_{röntgenfl.}$	Elementgehalt	Z_{eff}, Elektronendichte	IHA
GN	Elementgehalt	WW^G, WW^N	IHD
NG	Porositätsindex NG	WW^N, WW^G	IHD
$NN_{therm., epitherm.}$	Porosität(sindex NN)	WW^N	IHD
$NG_{spektrom.}$	Elementgehalt	WW^N, WW^G	IHD, IHA
$N_{akt}G$	Elementgehalt	WW^N, WW^G	ZIHD, ZIHA
$N_{imp}N_{therm., epitherm.}$	Makr. Wirkungsquerschnitt	WW^N	ZIHD, ZIHA
$N_{imp}G$	Makr. Wirkungsquerschnitt	WW^N, WW^G	ZIHD
$N_{imp}G_{inelast., (sepktrom.)}$	Elementgehalt	WW^N, WW^G	ZIHD, (ZIHA)
$N_{imp, akt}G_{(spektrom.)}$	Elementgehalt	WW^N, WW^G	ZIHD, (ZIHA)

Dabei bedeuten:

WW^G energieabhängige Wechselwirkungsquerschnitte für γ-Strahlung
WW^N energieabhängige Wechselwirkungsquerschnitte für Neutronen
IHD impulshöhendiskriminierend
IHA impulshöhenanalysierend
Z zeitabhängig, als Funktion der Zeit, Zeitfenster

(horizontal, vertikal) und/oder Fließgeschwindigkeitsbestimmung dienen.

Die Bedeutung der kerngeophysikalischen Meßverfahren wächst international gesehen im Zusammenhang mit

- der Erschließung neuer Technologien für den Lagerstättenabbau wie der Untergrundauslaugung und der Untergrundkohlevergasung
- den vielfältigen Problemen der Untergrundspeicherung der unterschiedlichsten Medien
- der Erkundung und Nutzung der Ressourcen des Meeresbodens und der darunterliegenden Formationen
- den extraterristischen Aufgabenstellungen.

Abschließend zur kernphysikalischen Bohrlochmeßtechnik sei noch vermerkt, daß ein wesentlicher Fortschritt bei fast allen kerngeophysikalischen Bohrlochmeßverfahren durch den sich abzeichnenden Übergang vom Szintillationsdetektor zum Halbleiterdetektor, speziell bei der γ-Spektrometrie, entsteht. Durch das wesentlich bessere Energieauflösungsvermögen dieser Detektoren wird der elementspezifische Charakter der kerngeophysikalischen Meßverfahren besonders augenscheinlich. Die geringe Effektivität dieser Detektoren kann durch höhere Quellstärken ausgeglichen werden, und die Notwendigkeit der Kühlung ist als technisches Problem auch im Feldeinsatz lösbar, bzw. entfällt durch Verwendung entsprechender Halbleitermaterialien (HgJ_2 CdTe), die in der Entwicklung sind.

Und nun zu den Anwendungsmöglichkeiten nuklearer Analysenverfahren bei Vorliegen von Probenmaterial, seien es Bohrkerne aus den unterschiedlichsten Teufenbereichen, Proben vom Meeresboden oder von der Erdoberfläche. Um das Fazit vorwegzunehmen: Die nuklearen Verfahren werden immer dann anzuwenden sein, wenn andere Verfahren die notwendigen Nachweisgrenzen nicht erreichen oder wenn die anderen Verfahren bei Vorliegen einer großen Probenzahl zu aufwendig und damit zu uneffektiv sind. Dieses Prinzip gilt auch in seiner Negation, wenn der Grundsatz der Verhältnismäßigkeit der Mittel gewahrt sein soll. Im folgenden soll unter den nuklearen Analysenverfahren im engeren Sinne die radiometrische Analyse, die nukleare Aktivierungsanalyse und die Röntgenfluoreszenzanalyse (RFA) verstanden werden, um bei aller Problematik eine Abgrenzung bestimmter Analysenverfahren eine mehr zweckmäßige Zuordnung vornehmen zu können.

Mit Hilfe der Radiometrie, der Messung von α-, β- und γ-Strahlung natürlicher Radionuklide, können U, Th und K analytisch bestimmt werden. Während eine α-Messung an Uran (^{238}U, ^{235}U, ^{234}U)- oder Thorium(^{232}Th)-Proben einen direkten Zusammenhang zwischen dem Uran- bzw. Thoriumgehalt und der α-Zählrate liefert, beispielsweise im Falle des Urans gemäß der Gleichung

$$\mathrm{U[ppm]} = 0{,}463\, N \left[\frac{\alpha}{\mathrm{cm^2 \cdot h}}\right],$$

N = Zahl der α-Teilchen

so setzt die γ-Messung an den Folgeprodukten der Uran- bzw. Thorium-Zerfallsreihen immer die Einstellung des radioaktiven Gleichgewichtes voraus. Zur Einstellung von 95% des Gleichgewichtes bedarf es in der Uran-Zerfallsreihe einer Zeitdauer von $3{,}5 \cdot 10^5$ Jahren und in der Thorium-Zerfallsreihe einer Dauer von nur 30 Jahren. Ist die Einstellung des Gleichgewichtes anzunehmen, so können U und Th bis zu Gehalten von 0,2 ppm in Gesteinen erfaßt werden, für K sogar 0,1 ppm-Gehalte [17]. Im Falle einer Nichteinstellung des Gleichgewichtes kann entweder eine chemische Analyse (Naßchemie) weiterhelfen, oder aber man ermittelt auch die β-Aktivität, um entsprechend der Gleichung nach *G. G. Eichholz* et al (1952)

$$C_\mathrm{U} = 2{,}30\, C_{\mathrm{U}\beta} - 1{,}30\, C_{\mathrm{U}\gamma}$$

den Grad der Abweichung vom Gleichgewicht zu berücksichtigen, denn $q = C_{\mathrm{U}\gamma}/C_\mathrm{U}$ stellt ein Maß für diese Abweichung dar und ist bei eingestelltem Gleichgewicht natürlich $q = 1$. In Tab. 3 sind Urangehalte mit unterschiedlicher Abweichung vom radioaktiven Gleichgewicht als Beispiele zusammengestellt [18].

Tab. 3. Radioaktives Gleichgewicht und Disgleichgewicht [18]

Probe	$C_{\mathrm{U}\gamma}$ ppm	$C_{\mathrm{U}\beta}$	q	C_U
Dolomit [Trias-(180 ... 230) · 10^6 a]	445	43,5	0,95	460
Kohle [Miozän-(10 ... 25) · 10^6 a]	310	76	0,12	615

Für K-Bestimmungen mit Hilfe der γ-Spektrometrie werden unter Verwendung von 3 × 3″-NaJ(Tl)-Kristalldetektoren relative Fehler von weniger als 5% angegeben [19], eine Analysentechnik, die nach Ziel der Untersuchungen mit dem klassischen Verfahren der Flammenspektrometrie verglichen werden sollte; ein Beispiel eines Basalt-Standardgesteins ergab γ-spektrometrisch (1,39 ± 0,03) % K und flammenspektroskopisch (1,91 ± 0,01) % K [20].

Der Einsatz von Verfahren der nuklearen Aktivierungsanalyse (AA) setzt eine besonders sorgfältige Prüfung der Vor- und Nachteile, der Effektivität und anderer ökonomischer Parameter voraus, und je nach Situation und vorhandenem Gerätepark wird man sich zu entscheiden haben. Rein von den kernphysikalischen Vorgängen her können folgende Arten der AA unterschieden werden:

- Neutronen-AA
  - thermische/epithermische Neutronen
  - 14 MeV-Neutronen
- AA mit geladenen Teilchen
  - p, d, ^{3}He, ^{4}He bis zu 40 MeV
  - α-Strahler bis zu einigen MeV
- Photonen-AA
  - niedrig energetisch (3 ... 6 MeV)
  - höher energetisch (> 7 MeV ... 15 ... 40 MeV).

Als Beispiel für die Photoaktivierungsanalyse sollen nur zwei Fälle herausgegriffen werden: einmal der analytische Nachweis von Stickstoff in Diamanten, der an 40-mg-Proben zu 0,2 ppm ermittelt werden konnte; Kostbarkeit der Probe und keinerlei Matrixeffekte sind für diesen Fall kennzeichnend [21]. Eingesetzt wurde ein Linearbeschleuniger, der eine 17,6-MeV-Strahlung zur Aktivierung nach ^{14}N(γ, n)^{13}N lieferte. Das zweite Beispiel betrifft das sog. Beryllometer, eine tragbare Gerätekombination aus einer 100-mCi-^{124}Sb-Quelle und zwei BF_3-Neutronenzählrohren, die in Paraffin eingebettet sind. Diese Photoaktivierung ist deshalb möglich, weil der Schwellenwert zur Aktivierung nach ^{9}Be(γ, n)^{8}Be so niedrig liegt, daß die Reaktion bereits mit $E_\gamma = 1{,}67$ MeV einer ^{124}Sb-Quelle ausgeführt werden kann; auch eine ^{88}Y-Quelle mit $E_\gamma = 1{,}84$ MeV kann verwendet werden. Mit einem tragbaren Gerät (40 kg) können unter Feldbedingungen BeO-Konzentrationen bis zu 10 ppm hinab erfaßt werden, wobei die Meßzeiten ungefähr 10 Minuten betragen. Die

Tab. 4. Nachweisgrenzen von Verfahren der Aktivierungsanalyse

Ordnungszahl (OZ)									10^{-3}	10^{-2}	10^{-1}	1	mg
						10^{-3}	10^{-2}	10^{-1}	10^{0}	10^{1}	10^{2}		µg
	10^{-5}	10^{-4}	10^{-3}	10^{-2}	10^{-1}	10^{0}	10^{1}	10^{2}					ng
OZ						F, Ne					N, O, B, Li		RN¹)
3 ... 10							F		B, N, O				GN²)
						Na	C, N, O, F						Ph³)
OZ			Na, Ar	Al, Cl	Si, P	Mg	S						RN¹)
11 ... 18								Na, P	Mg, Al, Ar	Cl, S			GN²)
						Cl, Ar Na	P, S	Mg, Si		Na			Ph³)
OZ 19 ... 36		Mn	V, Co, Cu, Ga, As, Br, Kr	Sc, Ge, Se, K	Cr, Ni, Zn	Ti	Ca	Fe					RN¹)
								Sc, Cu, Ga, Br, Zn	V, Cr, Mn, Fe, Co, Ni, Ge, Se	K, As, Kr	Ca, Ti		GN²)
						Cu, Br Zn	K, Ti, Cr, Ge	Fe, Ni, As	Mn, Co,				Ph³)
	In		Rh, Pd, Ag, J	Y, Sb, Xe	Sr, Nb, Ru, Cd, Sn, Te	Rb, Mo	Zr						RN¹)
OZ 37 ... 54								Ag, Cd, Sb, Te	Sr, Zr, Pd, In, Sn, Xe	Rb, Nb, Mo, Rh, J	Y, Ru, Tb, Dy Tm, Bi, U		GN²)
						Ag	Zr, Nb, J, Mo, Ru, In, Sn, Sb	Rb, Y, Cd	Sr, Rh Pd				Ph³)
	Dy, Eu	Sm, Ho, Ln, Re, Ir, Au	Cs, La, Pr, Yb, W	Ba, Gd, Tb, Er, Tm, Pt, Os, Hf, Hg, Th, U	Ce, Nd, Ta	Tl, Bi	Pb						RN¹)
OZ 55 ... 92								Ba, Ce, Pr, Ho, Ta	Nd, Sm, Eu, Gd, W, Os, Hg, Th, Ir	Cs, La, Au, Re Pb		Hf, Tl	GN²)
					Ho	Pr, Er, Ta	Cs, Sm Gd, Re Au	Ce, Tm Yb, Os, Ir, Hg, Tl, Pb	Dy, Ln W		Tb		Ph³)

¹) Reaktorneutronen mit thermischem Neutronenfluß von $5 \cdot 10^{13}\, n \cdot cm^{-2} \cdot s^{-1}$ (Bestrahlungszeit 24 h)
²) Generatorneutronen (14 MeV) mit Neutronenfluß von $10^{10}\, n \cdot cm^{-2} \cdot s^{-1}$ (Bestrahlungszeit 1 h)
³) Photoaktivierungen bei Elektronenstrahlintensität von 100 µA und 4 h Bestrahlungszeit

Masse des Gerätes kann bei Verwendung von ^{3}He-Zählrohren wegen der dann geringeren Bleiabschirmung noch verringert werden [5].

In Tab. 4 sind die Nachweisgrenzen von Elementen mit Hilfe der Neutronenaktivierungsanalyse (NAA) zusammengestellt. Dabei sind die Elemente in Gruppen von Ordnungszahlen (OZ) unterteilt und insbesondere die leichten Elemente (OZ = 5 ... 9 und 11 ... 18) erfaßt; von den schweren Elementen sind nur die mit Hilfe der Reaktor-NAA besonders gut nachweisbaren Elemente aufgeführt. Außerdem sind in der Tabelle einige typische Nachweisgrenzen bei Anwendung von Photoaktivierungsverfahren mit angegeben. Man erkennt aus dieser Zusammenstellung — sie ist von *L. E. Fite* et al. [22] entnommen, abgeändert und durch weitere Angaben [23] ergänzt worden —, daß die leichten Elemente (C, N, O, F) entweder nur durch Photoaktivierungsmethoden oder durch Reaktor-NAA (F) gut bis sehr gut analytisch nachgewiesen werden können. Eine gewisse Ausnahme stellt der Sauerstoff dar, der durch die 14-MeV-NAA im allgemeinen mit ausreichender Genauigkeit erfaßt wird. Beim Sauerstoff, dem häufigsten Element der Erdkruste und dem wichtigsten negativen Ion (Anion) in den gesteinsbildenden Mineralien, ist eine besonders extreme Nachweisgrenze von geringerer Bedeutung, gewiß von Ausnahmen abgesehen, denn in den Silikaten, Carbonaten, Oxiden, Sulfaten macht der Sauerstoffanteil ungefähr die Hälfte aus. Zum anderen wird in der überwiegenden Zahl der Fälle eine klassische Sauerstoffanalyse gar nicht erst ausgeführt und der Sauerstoffanteil als Ergänzung auf 100% angegeben, was die Genauigkeit einer Vollanalyse stark beeinträchtigt. Im übrigen sollte vermerkt werden, daß die angegebenen Nachweisgrenzen nur Orientierungswerte darstellen, denn schon höhere Neutronenflußdichten können zu günstigeren Werten führen; andererseits können durch bestimmte Elementkombinationen erhebliche Nachweisstörungen auftreten. Beispielsweise kann die Sauerstoffanalyse nach $^{16}O(n, p)^{16}N$ durch die Reaktion $^{19}F(n, \alpha)^{16}N$ beeinträchtigt werden, da beide Kernreaktionen zum gleichen Nuklid (primäre Interferenz) führen.

Die Röntgenfluoreszenzanalyse (RFA oder im englischen Sprachraum XRF abgekürzt) beruht auf dem Photoeffekt, der durch die Anregung von inneren Elektronenschalen entsteht und je nach der Ordnungszahl des Elementes entweder bevorzugt durch Aussendung einer Röntgenfluoreszenzstrahlung (charakteristische Röntgenstrahlung) oder bevorzugt durch Aussendung von *Auger*-Elektronen zum stabilen Grundzustand zurückkehrt (Abb. 5).

Neben diesem unterschiedlichen Verhalten der leichten und schweren Elemente kommt auch ein unterschiedliches Verhalten bei der Anregung hinzu, die zur Wahl der Radioisotopenquelle führt: Leichte Elemente (OZ < 29) werden besser durch α-Quellen angeregt, während die schweren Elemente durch β- oder γ-Quellen angeregt werden können. Dabei können die angewandten Strahler entweder direkt zur Anregung der zu analysierenden Elemente führen (primäre Anregung), oder aber die charakteristische Röntgenstrahlung eines geeigneten Targetelementes liefert erst die eigentliche Anregungsstrahlung für die RFA (sekundäre Anregung). Bei den γ-Quellen können noch je nach Energie der ausgesandten Strahlung [24]

- hochenergetische Quellen mit $E > 150$ keV
  ^{192}Ir, ^{137}Cs und ^{60}Co
- mittelenergetische Quellen mit 60 keV $< E <$ 150 keV
  ^{57}Co und ^{153}Gd und
- niederenergetische Quellen mit 4 keV $< E <$ 60 keV
  ^{55}Fe, ^{238}Pu, ^{109}Cd, ^{125}J, ^{210}Pb, ^{241}Am mit Aktivitäten von $10^{7} \dots 10^{8}$ Photonen · s^{-1},

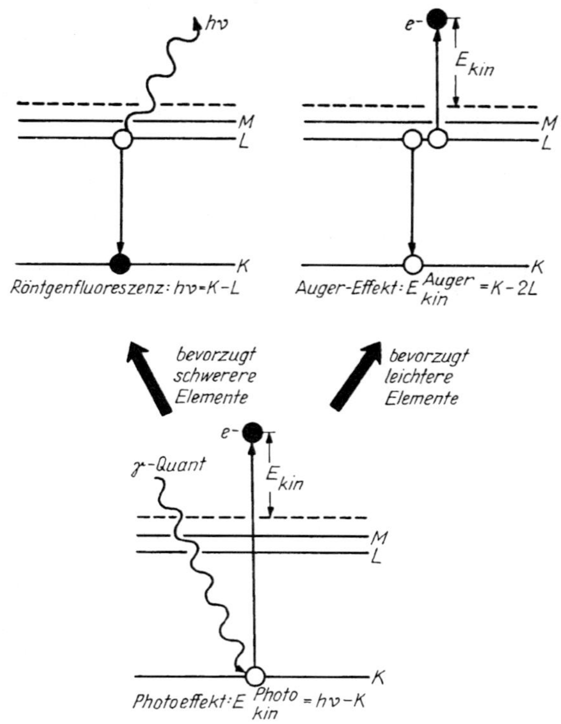

Abb. 5. Schematischer Zusammenhang zwischen Photoeffekt, Röntgenfluoreszenz und *Auger*-Effekt

(was für Abschirmungen der Quellen bedeutsam ist), unterschieden werden. Die K_α-Strahlung der seltenen Erdelementen La, Ce, Pr und Nd kann durch eine ^{241}Am-Quelle, die K_α-Strahlung der Elemente Fe, Rb, Sr, Y, Zr, Nb und Mo durch eine ^{109}Cd-Quelle und die K_α-Strahlung der Elemente K ... Se bzw. die L-Strahlung von Pb kann durch eine ^{238}Pu-Quelle angeregt werden [5], was sich bei Feldarbeiten in Grönland u. a. bewährt hat.

Die Zuverlässigkeit und die geringe Masse einer gesamten Meßeinrichtung auf der Grundlage der RFA ist auch für die Weltraumfahrt bedeutungsvoll. So wurde eine Kombination aus 2 Quellen (^{55}Fe, und ^{109}Cd) und 4 Zählrohren mit unterschiedlichen Gasfüllungen und unterschiedlichem Fenstermaterial bzw. unterschiedlicher Fensterdicke bei dem Mars-Lande-Unternehmen eingesetzt [25]. Dabei sind neben der Zuverlässigkeit unter Raumfahrtbedingungen („space-hardened") noch zusätzliche Optimierungsüberlegungen für die Fernübertragung der erforderlichen Dateneinheiten für eine Analyse notwendig; es wurden 10^{4} bits pro Analyse benötigt, was nur rund einem Tausendstel der bits entspricht, die für die Fernübertragung eines Farbbildes benötigt werden. Bei dem sowjetischen Lunochod-Unternehmen wurden hunderte von Analysenwerten der Mondoberfläche von 7 Haupt- und Nebenelementen fernübertragen, ebenfalls auf der Grundlage einer RFA [26].

Neben der Variabilität der Radioisotopenquellen zur Anregung können auch sehr verschiedene Detektoren eingesetzt werden: Proportionalzähler, Szintillationsdetektoren, Halbleiterdetektoren mit energiedispersiver Anzeige und für die ultraweiche Röntgenstrahlung der leichten Elemente (OZ < 13) auch eine besondere Art der Proportional-Szintillations-Detektor [27], bei dem ein Lumineszenzverstärkungsprozeß in einem elektrischen Feld erfolgt, das noch keine Ladungsvervielfachung liefert.

Betreibt man etwas Statistik [24], so stellt sich heraus, daß von 72 Elementen 41 (entsprechend 56,9%) mit Hilfe der NAA und 22 (entsprechend 30,6%) mit Hilfe der RFA analysiert werden können, wobei 24 Elemente mit Nachweisgrenzen von kleiner als 1 ppm durch die NAA erfaßt werden; die Domäne der RFA liegt im Nachweisbereich von 1 ... 100 ppm. Auch an dieser Stelle muß nochmals betont werden, daß optimale Zählzeiten, keinerlei Interferenzen (Matrixeffekte) und je nach Aufwand im Detektorsystem durchaus Verschiebungen in diesen Gehaltsangaben möglich sind.

Es hat nicht an Versuchen gefehlt, die RFA auch in der Bohrlochmeßtechnik einzusetzen, die auf *W. A. Meier* und *A. P. Otschkur* (Leningrad) am Anfang der 60er Jahre zurückgehen. Sie ist natürlich nur in Bohrungen geringerer Teufe anwendbar, wird aber mit Erfolg u. a. zur quantitativen Erkundung von Pb eingesetzt [16] (Abb. 6). Die Ergebnisse der chemischen Analyse der Bohrkerne für vorgegebene Teufenintervalle sind hier den Meßergebnissen in zwei ausgewählten Energiebereichen (Ia und b) gegenübergestellt ferner deren Verhältnis (II) und Differenz (III). Die Pb-führenden Teufenbereiche lassen sich eindeutig ausgliedern. Ein ähnliches Beispiel zur Sn-Erkundung zeigt [16] Abb. 7. Auch hier wurden durch Messung in zwei Energiebereichen (Ia und b) die durch Matrix-, Korngrößen-, Spülungs- und Rauhigkeitseffekte der Bohrlochwand bedingten Störeinflüsse herabgedrückt, so daß trotz der geringen Eindringtiefe des Verfahrens (im mm- bis cm-Bereich) Nachweisgrenzen von einigen 10^{-1} ... 10^{-2}% erreicht werden — immer natürlich

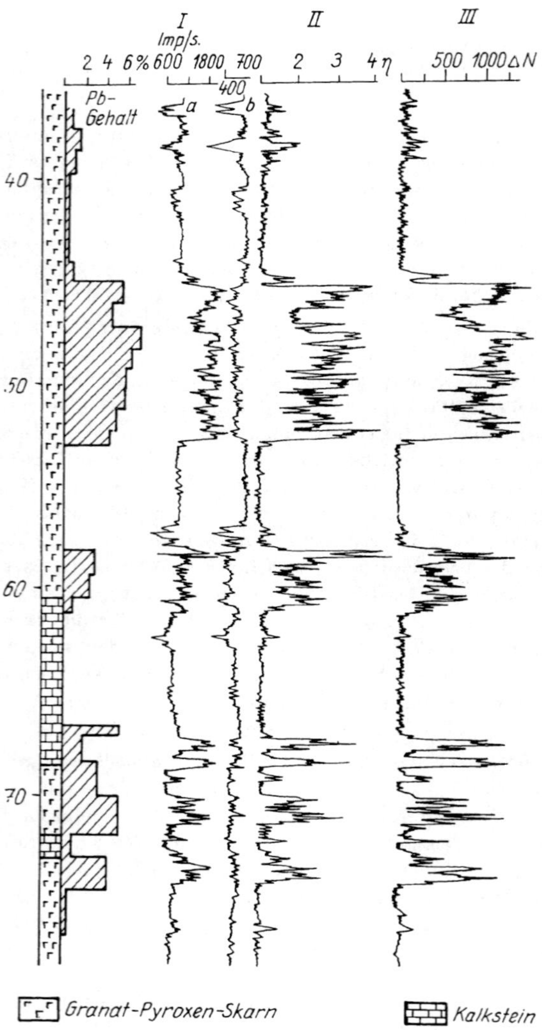

Abb. 6. Bohrlochmeßergebnisse nach der RFA in einer Pb-Lagerstätte nach [16]

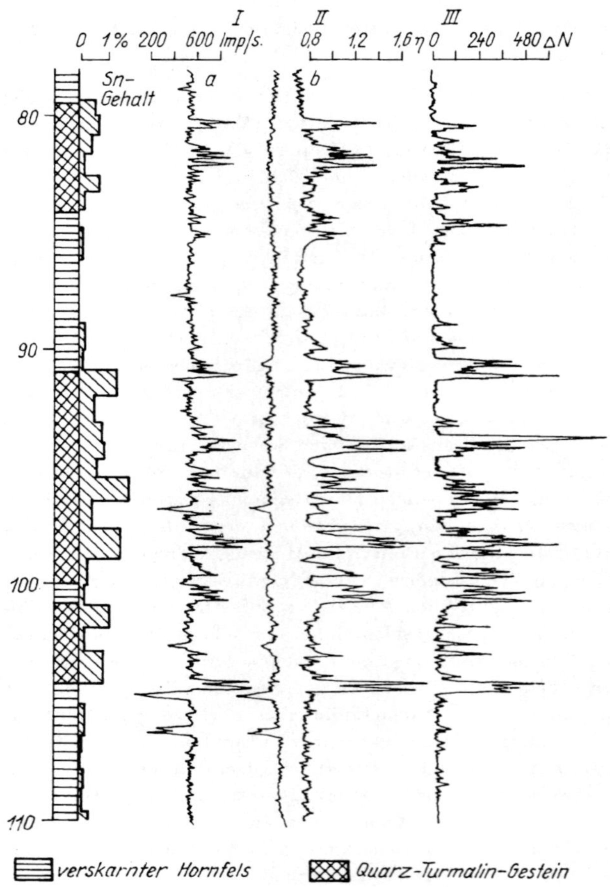

Abb. 7. Bohrlochmeßergebnisse der RFA in einer Sn-Lagerstätte nach [16]

in Abhängigkeit von den bohrtechnischen und geologischen Lagerungsbedingungen.

In der folgenden Übersicht (Abb. 8) ist der Versuch unternommen worden, die nuklearen Analysenverfahren im Rahmen anderer Verfahren einzuordnen und das Wechselverhältnis der Geochemie in bezug auf alle anderen geowissenschaftlichen Disziplinen darzustellen, aber auch die Geochemie als einen Wissenszweig aufzufassen, der selbst aufgrund seiner Vielfalt einer Unterteilung und Untergliederung bedarf. Andererseits steht die Geochemie naturgemäß in engen Wechselbeziehungen mit allen anderen geowissenschaftlichen Disziplinen, insbesondere mit der Geophysik.

Geochemische Probleme und analytische Methoden haben in ihrem engen Wechselverhältnis auch zu der zusammenfassenden Bezeichnung analytische Geochemie geführt, was in einer zweibändigen Monographie von *E. Schroll* [28] u. a. deutlich wird. Dieses enge Wechselverhältnis wurde von den großen Geochemikern schon frühzeitig erkannt, und es nimmt nicht wunder, wenn das bekannte Akademie-Institut für Geochemie und Analytische Chemie in Moskau, von dem bereits erwähnten sowjetischen Geochemiker Wladimir Iwanowitsch Wernadski begründet, auch in seinem Namen diesen Zusammenhang deutlich ausdrückt.

Die nuklearen Analysenverfahren sind im allgemeinen nicht in der Lage, bei polynuklidischen Elementen eine Aussage über ihre isotopische Zusammensetzung zu liefern — von seltenen Ausnahmen abgesehen, wie beispielsweise bei der Bestimmung des $^{6}Li/^{7}Li$-Verhältnisses durch eine Reaktor-NAA [29]. Im

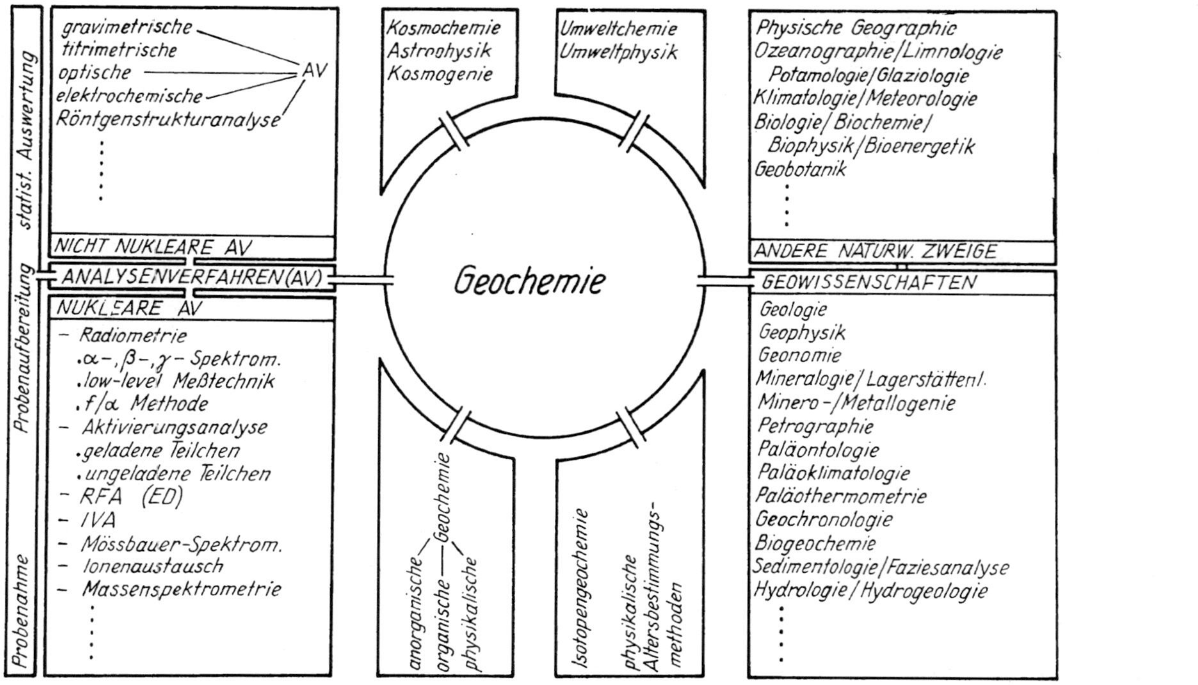

Abb. 8. Wechselbeziehungen der Geochemie

Gegenteil, sie setzen eine Konstanz der isotopischen Zusammensetzung voraus, wie im Falle der Uranbestimmung durch eine γ-spektrometrische Messung des 186 keV-Photopeaks, der vom ^{235}U-Nuklid stammt [30], der im Verhältnis zum ^{238}U-Nuklid wie 1:137 in der Natur vorkommt, was in Atom-% 0,7205 entspricht. Ein verändertes $^{235}U/^{238}U$-Verhältnis, wie es im Oklo-Naturreaktor beobachtet wird, liegt bei 0,296 Atom-% ^{235}U(Extremwert) und würde einen analytischen Fehler von rund 0,5% bei der Uranbestimmung verursachen. Durch Einstrahlung einer γ-Energie von 60 keV und Registrierung des Photopeaks bei 186 keV kann die isotopische Zusammensetzung des Urans ermittelt werden, was das sog. „Oklometer" [31] ergibt.

Die Hauptmethode zur Bestimmung von Isotopenverhältnissen ist die Massenspektrometrie, eine nukleare Analysenmethode im weiteren Sinne des Wortes. Durch die Bestimmung der Isotopenverhältnisse in der Natur und durch ihre Deutung ist das Arbeitsgebiet der Isotopengeochemie gekennzeichnet, das insbesondere wegen der großen Schwankungen in den Isotopenverhältnissen, den Isotopenvariationen, der leichten Elemente H, C, N, O und S zu einem integrierenden Bestandteil der Geochemie überhaupt geworden ist. Die Schwankungen werden in δ-Einheiten, gemäß

$$\delta X = \left(\frac{[^{S}X/^{L}X]_{\text{Probe}}}{[^{S}X/^{L}X]_{\text{Standard}}} - 1 \right) \cdot 10^3$$

in Promille ausgedrückt, wobei ^{S}X und ^{L}X das jeweilige schwere und leichte Nuklid des betrachteten Elements bedeuten und die Standards international festgelegt sind. In Abb. 9 sind die Schwankungsbereiche einiger Elemente dargestellt, und man erkennt, daß bei einer massenspektrometrischen Reproduzierbarkeit von 1δ-Einheit (D) und weniger in den gemessenen Isotopenvariationen ein hoher Informationsgehalt in den Werten enthalten ist. Und so wie sich an dieser Stelle Geochemie und Isotopengeochemie berühren und zwanglos ergänzen, müssen auch die nuklearen Analysenverfahren im engeren Sinne mit der Massenspektrometrie im Zusammenhang betrachtet werden. Die anderen in der Übersicht aufgeführten Verfahren können

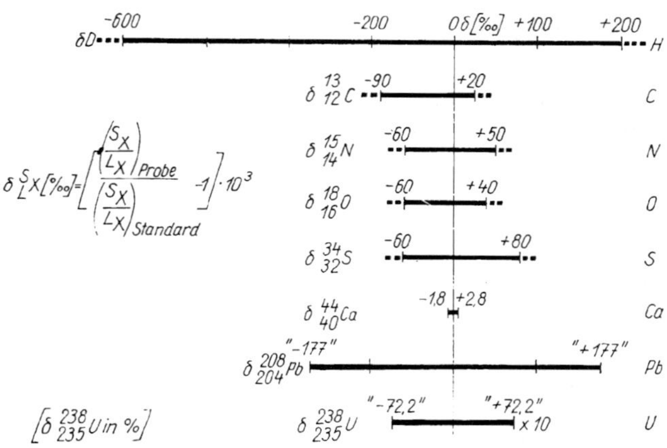

Abb. 9. Isotopenvariationen einiger Elemente

Bei den Elementen Pb und U wurden fiktive Standards in der Mitte der Variationsbreite angenommen, um eine Vergleichbarkeit kenntlich zu machen.

Bitte beachten: Im Kopf der Abb. (Mitte) lies −100 statt −200

hier nur stichwortartig und beispielhaft durch Literaturhinweise belegt werden:

- low-level-Meßtechnik von T, ^{14}C, ^{32}Si, ^{39}Ar [32]
  - neuere Methode für T durch ^{3}He/T [33]
  - neuere Methode für ^{14}C [34]
  - ^{210}Pb-Geochronologie für Sedimentdatierungen [35]
- Fission-track-Methode [36]
- Isotopenverdünnungsanalyse am Beispiel des ^{203}Hg im Boden [37] — abgekürzt IVA
- Ionenaustauschchromatographie am Beispiel von U/Pu-Bestimmungen bei Havarien mit Hilfe der α-Spektrometrie [38]
- ^{252}Cf-Ionenquelle in einem Flugzeit-Massenspektrometer [39].

Für den Analytiker wird immer eine Frage mit hoher Sachkenntnis zu beantworten sein, nämlich welche Methode für ein bestimmtes Problem gewählt und angewendet werden soll. Viele Einflußgrößen bedingen die Auswahl und letztlich die Entscheidung, wobei Dringlichkeit des Problems, vorhandene Geräte und Möglichkeiten, Erfahrungen und Kenntnisse neben ökonomischen Faktoren nur einen Ausschnitt der denkbaren Einflußgrößen darstellen sollen, die auch bei einer größeren Vollständigkeit bisher nicht algorithmisch erfaßt werden konnten. Dazu kommen noch Fragen wie:

- zerstörungsfreie Analyse oder nicht,
- naßchemische Aufbereitung und/oder gruppenanalytische Trennung,
- wie viele Elemente sollen in welcher Matrix bestimmt werden,
- in-situ-Analytik oder nicht?

wobei die letzte Frage beispielsweise schon bei Wassergehaltsbestimmungen im Gebirge nicht unproblematisch sein kann oder bei der analytischen Erfassung von adsorptiv gebundenem Methan in Kohleflözen, die einer Untergrundvergasung unterworfen werden sollen, von immenser Bedeutung ist [40]. Bei einer größeren Anzahl von Proben, die unter Routinebedingungen für eine systematische Erforschung einer Elementverteilung notwendig sind, lohnt es sich, gesondert eine Studie über die anzuwendende Analysenmethode zu machen, wie es am Beispiel des Wolframs gezeigt werden konnte [41]. Der relative Aufwand der angewendeten Methoden (Spektralphotochemie, RFA, Reaktor-NAA und optische Emissionsspektrometrie wurden betrachtet), das relative Vertrauensintervall in Abhängigkeit von der W-Konzentration, die Nachweis- und Bestimmungsgrenzen liefern die Aussagen.

Seit dem Mittelalter werden dem Schürfer, also in der Bergmannssprache demjenigen, der in geringer Tiefe nach nutzbaren Lagerstätten suchen soll, zwei — leider einander widersprechende — Faustregeln mit auf den Weg gegeben. Die eine besagt: Erze sind überall dort, wo man sie findet. Damit wollte man das Glückhafte und Zufällige bei der Auffindung von Lagerstätten zum Ausdruck bringen. Die andere Faustregel besagt: „mente et malleo", mit Geist und Hammer; wir würden heute sagen: mit angebrachter Analysentechnik und komplexer Interpretation der erhaltenen Ergebnisse, um daraus gewisse Gesetzmäßigkeiten des Vorkommens und der Verteilung von Stoffen abzuleiten, deren Kenntnis für eine weitere Suche wertvoll ist. Und in der Tat, solche Gesetzmäßigkeiten sind in einer Vielzahl gefunden worden und werden laufend entdeckt — das bekannteste Beispiel sind die Diamantvorkommen in Jakutien. Wir wissen längst, daß sich unsere Erde in einem ständigen Stoffumwandlungsprozeß größten Ausmaßes befindet, begleitet von einer Neuverteilung der Elemente. Dabei sind die sich umwandelnden Mengen riesengroß, die Stoffsysteme und Reaktionsbedingungen sehr kompliziert und die Reaktionszeiten, verglichen mit unseren überschaubaren Erfahrungszeiträumen, unendlich lang. Wir können sozusagen nur posthum Analysen anfertigen, um die in geologischen Zeiten abgelaufenen Reaktionen zu verstehen. In der räumlichen Verteilung von Erzlagerstätten kann man bestimmte Provinzen, metallogenetische Provinzen, erkennen, die bestimmten regionalen geotektonischen Einheiten der Erdkruste zugeordnet werden können [42]. So sind z. B. Goldlagerstätten im asiatischen und westamerikanischen Bereich unserer Erde weit häufiger als im europäischen und ostamerikanischen Bereich, wo sie nur lokal anzutreffen sind, oder Zinnlagerstätten sind auf dem Territorium der UdSSR vorwiegend östlich vom Baikalsee zu finden [43]. Ähnliches gilt auch von den Uranvorkommen, wenn man bedenkt, daß 96% der gesamten bekannten Vorräte auf nur 6 metallogenetische Provinzen konzentriert sind [44].

Wir sollten zum Schluß noch den Begriff der geochemischen Zyklen einführen, um den genetischen Zusammenhang von geochemischer Prospektion und Exploration noch deutlicher zu machen. Man unterscheidet folgende 3 Hauptvorgänge oder Abfolgen — eben geochemische Zyklen —, die zur Mineral- und Gesteinsbildung führen:

- den magnetischen Zyklus, der zur Bildung von Magmatiten führt,
- den metamorphen Zyklus, der Metamorphite ergibt, und
- den sedimentären Zyklus, der Sedimentite bildet.

In der magmatischen Abfolge wollen wir noch festhalten, daß sich je nach dem Abkühlungsort der Magmen die Vulkanite (Oberfläche) oder Plutonite (unterirdische Abkühlung) bilden; von der metamorphen Abfolge wollen wir bemerken, daß sie ein gewisses Bindeglied zwischen den beiden anderen Abfolgen darstellt, denn durch Absenkung von Sedimenten bilden sich die Paragesteine als eine Untergruppe der Metamorphite und durch die Absenkung von Magmatiten die Orthogesteine, die andere Untergruppe. Eine erste und bestimmende Anreicherung der Elemente findet bereits im magmatischen Bereich statt, die magmatische Differentiation. So ist Uran in ultrabasischen Gesteinen (mit $< 52\%$ SiO_2) nur mit einer Konzentration von 0,03 g/t anzutreffen, während es in den saueren Graniten (mit $> 65\%$ SiO_2) bis zu 3 ... 5 g/t angereichert ist, wobei es im reduzierten 4wertigen Zustand, gemeinsam mit Th, Y und Ce vorkommt. Bei der Verwitterung (Erosion) von Gesteinen geht im allgemeinen ein Teil in Lösung, ein anderer Teil wird im festen Zustand wegtransportiert und bildet Seifen. Um am Beispiel des Urans den Gang weiter zu verfolgen, so wird an der Erdoberfläche im Bereich der sauerstoffhaltigen Atmosphäre das schwerlösliche 4wertige Uran zum löslichen 6wertigen autoxydiert und als Uranyl-Komplex wegtransportiert. Bei Sauerstoffmangel, wie er im Präkambrium vor ungefähr 1,6 Milliarden Jahren vorlag, konnte dieser Autoxydationsprozeß nicht stattfinden, und das Uran wurde 4wertig mit dem übrigen Gesteinsmaterial wegtransportiert, der einen Art einer weiteren Anreicherung nach Verwitterung unter Bildung von Seifen (konglomeratische Anreicherung). Eine zweite Art einer Anreicherung des Urans findet bei einer Wiederausfällung durch Reduktion vom U^{VI}- zu U^{IV}-Verbindungen statt, beispielsweise in der reduzierenden Bodenzone. Da das Uran im schwerlöslichen 4wertigen Zustand nicht weitertransportiert werden kann, spricht man bildhaft und treffend von einer Redox-Barriere. Eine ähnliche Redox-Barriere lag auch bei der Ausfällung der Buntmetalle des Mansfelder Kupferschiefers vor, die im Zechensteinmeer durch schwefelwasserstoffbildende Bakterien entstand. Andere geochemische Barrieren sind wirksam bei Sorptions-, Oxydations- und Verdunstungsprozessen oder bei Unterschreiten des Löslichkeitsproduktes. In den Sedimenten des Schwarzen Meeres wurden hohe Anreicherungen von Uran entdeckt [45], die offensichtlich durch eine Hintereinanderschaltung einer U-Fixierung im Plankton und einer anschließenden Reduktion im anaeroben Bereich (Sapropel) zustande kommen, wobei Anreicherungsfaktoren von rund 10^4 erreicht werden können, bezogen auf die mittlere Urankonzentration der Ozeane von 3 ppb ($= 3 \cdot 10^{-9}$). Dem 1963 im Roten Meer entdeckten Atlantis-II-Tief liegen wieder andere Hintereinanderschaltungen zugrunde [46], die im Falle des Eisens zu Anreicherungen um den Faktor von $8 \cdot 10^3$ führen. Wir wollen anmerken, daß sich lohnende Lagerstätten im allgemeinen durch mehrere Folgen von Anreicherungsstufen bilden, wobei häufig der Anreicherung im magmatischen Bereich eine Anreicherung im marinen oder limnischen Bereich folgt.

Wenn die stoffliche Zusammensetzung so gesetzmäßig mit bestimmten geochemischen Vorgängen gekoppelt ist, die wiederum als Folge geologischer Prozesse ablaufen, so muß es auch möglich sein, bestimmten Element- und Isotopenhäufigkeiten den auslösenden geochemisch-geologischen Vorgang zuzuordnen. Solche Herkunftsfragen sind tatsächlich klärbar, wie beispielsweise die Unterscheidbarkeit von limnischen und marinen Sedimenten aus den Elementhäufigkeiten von B, Ga und Rb (Abb. 10) [47].

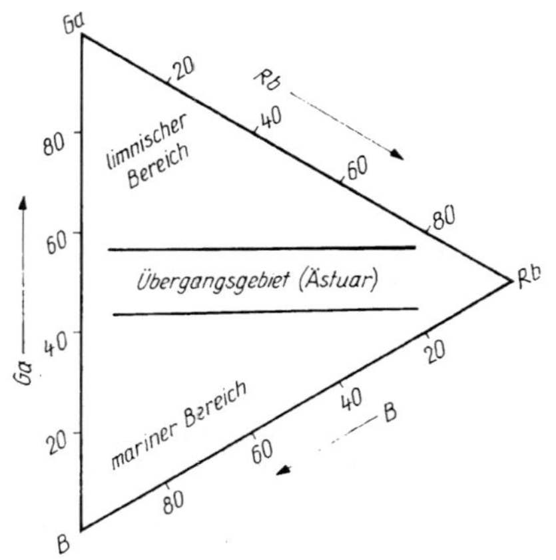

Abb. 10. Dreieckskoordinaten für Ga, B und Rb zur Einordnung von Sedimenten in unterschiedlichen Bereichen

Liegen genetisch eindeutig zuordnungsfähige Proben vor, so können aus bestimmten Elementverhältnissen Variogramme gewonnen werden, die je nach Variationsbreiten der Schwankungen zuverlässige Rückschlüsse auf unbekanntes Probenmaterial zulassen – Beispiel: Tb/Ca- und Tb/La-Verhältnisse bei der genetischen Zuordnung von Flußspaten [48]. In neuerer Zeit wurde auch die Zuordnung von Tiefengasen im Zusammenhang mit geothermischen Kraftwerken sehr bedeutungsvoll, wobei allerdings eine einfache Elementzusammensetzung nicht ausreicht, sondern durch Messungen der Isotopenspezies ergänzt werden muß: für die atmosphärische Herkunft sind ^{3}He, Ne, ^{36}Ar und Kr typisch, für echte Tiefengase die Nuklide ^{4}He, ^{136}Xe, ^{222}Rn und ^{40}Ar [49].

Die IAEA, die internationale Sachwalterin der friedlichen Nutzung der Atomenergie, hat dem Themenkreis der Anwendung nuklearer Methoden in der Geophysik und Geochemie immer größte Aufmerksamkeit geschenkt. Allein in den letzten 10 Jahren wurden folgende internationale Symposien und Panel-Diskussionen von der IAEA organisiert oder gemeinsam mit anderen Organisationen durchgeführt, wie folgende Zusammenstellung (Tab. 5) deutlich macht.

In vielen Arbeiten wird ein enges und sich gegenseitig befruchtendes Wechselspiel zwischen analytischer Methode und geowissenschaftlichem Problem deutlich. Dazu vielleicht zwei Hinweise: im Zeitraum von 1973 bis 1977 ist in der Literatur ein deutliches Absinken von Ergebnissen über neue Mn-Bohrlochmeßmethoden festzustellen – der Grund: Auffindung und mögliche wirtschaftliche Erschließung der Mn-Knollen des Meeresbodens, was eine gewisse Unsicherheit in der Weiterentwicklung von Bohrlochmeßverfahren für die Mn-Prospektion zur Folge hatte [50]. Daß dieses erwünschte und konstruktive Wechselverhältnis auch gewinnbringend sein kann, besagt eine Schätzung, wonach allein in den USA jährlich rund 100 Millionen $ Gewinn aus der nuklearen Bohrlochmeßtechnik erzielt werden sollen [59]; dabei stellen die nuklearen Bohrlochmeßverfahren ungefähr ein Drittel bis ein Viertel des Aufwandes an Bohrlochmeßtechnik insgesamt dar.

Tab. 5. Internationale Tagungen der letzten 10 Jahre

Ort der Tagung	Vorträge	Teilnehmer	Länder	Organisationen	Literatur
Symposium in Buenos Aires 5.–9. 11. 1968	30 einschl. 6 Reviews	63	20	1	[50]
Symposium in Wien 7.–10. 3. 1977	31 einschl. 4 Reviews	112	28	2	[51]
Symposium in Athen 6.–10. 5. 1974	43	220	40	2	[52]
Symposium in Wien 29. 3.–2. 4. 1976	42 einschl. 3 Reviews	185	39	1	[53]
Panel in Krakow 8.–12. 12. 1969	15	19	11	1	[54]
Panel in Wien 25.–29. 11. 1974	19	21	11	1	[55]
Panel in Wien 13.–17. 4. 1970	24			1	[56]
Panel in Wien 10.–14. 4. 1972	12			1	[57]

Die drängende und nach einer ständigen Verbesserung strebende Entwicklung der nuklearen Meßtechnik läßt es denkbar und wünschbar erscheinen, daß künftig noch weitere Anwendungsgebiete nuklearer Methoden in der Geochemie und Geophysik erschlossen werden können. Als notwendige Voraussetzungen wären zu nennen: Halbleiterdetektoren für Zimmertemperatur [60], vakuumdichtes Fenstermaterial für die weiche Röntgenstrahlung der leichten Elemente, programmgesteuerte Analysen- und Auswertetechnik, weitere Verbilligung des ^{252}Cf, evtl. durch unterirdische Kernexplosionen für friedliche Zwecke und manche andere Verbesserung.

Wenn Geochemie die Wissenschaft von der Geschichte der irdischen Atome ist, so helfen uns die nuklearen Analysenverfahren sie zu verstehen.

Eingegangen am 25. 7. 1979

Literatur

[1] Statistisches Jahrbuch 1977 der DDR, 22. Jg., Staatsverlag der DDR, Berlin 1977, Anhang S. 45

[2] *S. Janković*, Wirtschaftsgeologie der Erze, Springer-Verlag, Wien 1967

[3] *J. W. Brinck*, The geochemical distribution of U as a primery criterion for the formation of ore deposits, IAEA-SM-183/19 in [52], S. 21

[4] Gmelins-Handbuch der anorganischen Chemie, 8. Aufl., System-Nr. 32, Zink, Verlag Chemie, Leipzig—Berlin 1924, S. 10; *Werner Kraus*, Andere Bodenspezialisten, in Handbuch der Pflanzenphysiologie, Hrsg., *W. Ruhland*, Bd. IV, Die mineralische Ernährung der Pflanze, Springer-Verlag, Berlin—Göttingen—Heidelberg, 1958, S. 755

[5] *L. Løvborg, H. Kunzendorf, E. Mose Christiansen*, Practical experiences of various nuclear techniques supporting mineral prospecting in Greenland, IAEA STI-PUB 425 in [55] S. 139; *R. S. Foot, N. B. Humphrey*, Airborne radiometric techniques and applications to uranium exploration, IAEA-SM-208/47 in [53], S. 17

[6] *H. W. Kraner, G. L. Schroeder, R. D. Evans*, Measurements of the effects of atmospheric variables on ^{222}Rn flux and soil-gas concentrations in The Nutural Radioation Environment, Univ. of Chicago Press, Chicago 1964, S. 191

[7] *E. Pensko, T. Wardaszko, P. Wochna*, Atompraxis 14 (1968) 225

[8] *L. Rybach*, Radiometric Techniques in Modern Methods of Geochemical Analysis von *R. E. Wainerdi* u. *E. A. Uken*, Plenum Press, New York—London, 1971, S. 294

[9] Radioaktive Elemente in Gesteinen, 1. Allunions-Kongreß über Radiogeochemie vom 15.—19. 05. 1972 in Nowosibirsk, Izdaklstwo Nauka, Otd. Sib. Akad. Nowosibirsk 1975

[10] *L. G. Howell, A. Frosch*, Geophysics 4 (1939) Nr. 2

[11] *B. Pontecorvo*, Oil Gas J., Sept. 11 (1941)

[12] *W. Lötzsch, W. Gerstenberger*, Zur Frage der Eichung der kernphysikalischen Bohrlochmeßverfahren und zu ihren Entwicklungsmöglichkeiten, Magyar Geofizika X. EVP. 1. SZ, S. 21, XIII. Geophysikal. Symposium vom 24. bis 27. 09. 1968 in Budapest

[13] *C. G. Clayton*, Some recent applications of nuclear techniques in the exploration and mining of metalliferous minerals (Review paper) IAEA-SM-216/102 in [51] S. 185; *P. L. Eisler, P. Huppert, P. J. Mathew, A. W. Wylie, S. F. Youl*, Use of neutron capture gamma radiation for determining grade of iron ore in blast holes and exploration holes, IAEA-SM-216/3 in [51] S. 215; *E. Chruściel, J. Niewodniczański, K. W. Palka, S. Roman*, Determination of sulphur content in boreholes by neutron capture IAEA-SM-216/27 in [51] S. 301

[14] *E. M. Fillippov*, Jadernaja Geofizika, Band I/II, Izdatelstvo Nauk, Sibirskoe Otdelenie, Novosibirsk 1973

[15] *J. A. Czubek*, Modern trends in mining geophysics and well logging for mineral exploration, Paper No. 11 in Internat. Symposium on Geophysics and Geochemistry applied to the Search for Metallic Ores „Exploration 77" held in Ottawa, 16—20 oct. 1977

[16] *A. P. Otschkur*, Gamma-Methoden in der Erzgeologie, Izdatelstvo Nedra, Leningradskoe Otdelenie, Leningrad 1976, 407 S.

[17] *K. S. Heier*, Geochim. cosmochim. Acta 27 (1963) 849

[18] *R. E. Wainerdi* u. *E. A. Uken* (Hrsg.), Modern Methods of Geochemical Analysis, Plenum Press, New York—London 1971, 397 S.

[19] *K. S. Heier, J. J. W. Rogers*, Geochim. cosmochim. Acta 27 (1963) 137

[20] *J. M. Morgan, K. S. Heier*, Earth Planet. Sci. Letters 1 (1966) 158

[21] *G. G. Rocco, O. L. Garzón, I. P. Cali*, Internat. J. Appl. Radiat. and Isotopes 17 (1966) 433

[22] *L. E. Fite, E. A. Schweikert, R. E. Wainerdi, E. A. Uken*, Nuclear Activation Analysis in [18], S. 319, Tab. II, III u. IV

[23] *H. Reuter*, Isotopenpraxis 14 (1978) 222; *G. Loos, Ch. Heiser, G. Schäfer*, Borbestimmungen in geologischen Materialien, Vortrag auf der 2. Tagung Nukleare Analysenverfahren vom 19.—23. 3. 1973 in Dresden, Tagungsmaterial S. 234 zur Veröff. in J. Radioanalyt. Chem. vorgesehen; *V. Galatanu, M. Grecescu, D. Catana*, Photoactivation analysis of silicon, Vortrag auf der 2. Tagung Nukleare Analysenverfahren vom 19.—23. 03. 1973 in Dresden, Tagungsmaterial S. 121 zur Veröffentlichung in J. Radioanalyt. Chem. vorgesehen; *V. Krivan*, Angew. Chem. 91 (1979) 132

[24] Radioisotope X-Ray Fluorescence Spectrometry, Report of a Panel held in Vienna 13—17 May 1968, Technical Reports Series No. 115, STI-DOC-10/115, IAEA, Vienna 1970, 104 S.

[25] *B. C. Clark, A. K. Baird*, Earth Planets Sci. Letters 19 (1973) 359

[26] *G. Je. Kotscharow, N. F. Borodulin, S. W. Wiktorow, O. M. Woroparjew, A. Ju. Dschewanowskaja, O. G. Iwanow, G. W. Kirjan, W. W. Petrow, W. A. Sakulskij*, in: Transportables Laboratorium Lunochod-1 auf dem Mond (*russ.*) Hrsg. *A. P. Winogradow*, Nauka, Moskau 1971

[27] *P. Morgenstern*, Isotopenpraxis 14 (1978) 157

[28] *E. Schroll*, Analytische Geochemie — in zwei Bänden. Ferdinant Enke Verlag, Stuttgart; Band 1: Methodik 1975, Band 2: Grundlagen und Anwendung 1976

[29] *R. Wölfle, A. Neubert*, Determination of isotopic composition of Li by NAA; comparison with mass-spectrometry, Modern Trends 76, Vol. II 1380—87 in Proc. of an Internat. Conference on Modern Trends in Aktivation Analysis, held in München 13—17 Sept. 1976

[30] *C. M. Bunker, C. A. Bush*, U, Th and Ra analyses by γ-ray spectrometry (0,184 ... 0,352 MeV), U. S. Geol. Survey Prof. Paper 550-B, 1966, S. 176

[31] *R. L. Boyer, M. P. Guery, C. Renson*, Appareil de mesure de teneur isotopique de l'uranium utilise sur le site d'Oklo, IAEA/SM/204/22, The Oklo Phenomenon, Proc. of a Symposium, Libreville 23—27 June 1975, IAEA STI/PUB/405, Vienna 1975, S. 253

[32] *K. Fröhlich, H. Jordan, D. Hebert*, Radioaktive Umweltisotope in der Hydrogeologie. Freiberger Forschungshefte C 330, VEB Deutscher Verlag für Grundstoffindustrie, Leipzig 1977

[33] *W. B. Clarke, W. J. Jenkins, Z. Pop*, Internat. J. Appl. Rad. and Isotopes 27 (1976); 512 *T. Torgersen, Z. Pop, W. B. Clarke, W. J. Jenkins, W. S. Broecker*, Limnology and Oceanography 22, (1977) 181

[34] *M. Stuiver*, Science (Washington) 202 (1978) 881; *C. L. Bennett, R. P. Beukens, M. R. Clover, D. Elmore, H. E. Gove, L. Kilius, A. E. Litherland, K. H. Purser*, ibid. 201 (1978) 347

[35] *R. S. Barnes, P. B. Birch, D. E. Spyridakis, W. R. Schell*, Changes in the sedimentation histories of lakes using ^{210}Pb as a tracer of sinking particulate matter, Isotope Hydrology 1978, IAEA-SM-228/45, Vienna 1979, S. 875

[36] *R. L. Fleischer, P. B. Price, R. M. Walker*, Nuclear Tracks in Solids, University of California Press, Berkeley—Los Angeles—London 1975

[37] *E. R. Landa*, Geochem. Cosmochem. Acta 42 (1978) 1907

[38] *A. Hinzpeter*, Naturwissenschaften 65 (1978) 548

[39] *W. D. Lehmann*, Nachr. Chem. Techn. 24 (1976) 471

[40] *K. Morstin, J. Woźnick*, Hydrogen in coal, The faesibility of determination by neutron methods in [51] IAEA-SM-216/33, S. 119

[41] *G. Friese, M. Geissler, Th. Kaemmel, G. Riesel, R. Schindler*, Z. geol. Wiss. (Berlin) 6 (1978) 779

[42] *L. Baumann, G. Tischendorf*, Einführung in die Metallurgie/Minerogenie, VEB Deutscher Verlag für Grundstoffindustrie, Leipzig 1976

[43] *V. J. Smirnow*, Geologie der Lagerstätten mineralischer Rohstoffe, VEB Deutscher Verlag für Grundstoffindustrie, Leipzig 1970

[44] *J. W. Brinck*, The geochemical distribution of uranium as a primary criterion for the formation of ore deposits in [52], IAEA-SM-183/19, S. 21

[45] *E. T. Degens, F. Khoo, W. Michaelis*, Uranium anomaly in Black Sea sediments, Nature (London) 269 (1977) 566

[46] *E. Seibold*, Der Meeresboden, Springer Verlag, Berlin—Göttingen 1974

[47] *E. T. Degens, E. G. Williams, M. L. Keith*, Bull. Amer. Ass. Petrol. Geol. 41 (1957) 2427; ibid. 42, (1958) 981; Autorenkollektiv, Beiträge zur geochemischen Faziesanalyse in Sedimenten, Freiberger Forschungshefte C 272, VEB Deutscher Verlag für Grundstoffindustrie, Leipzig 1971

[48] *P. Möller, P. P. Parekk, H.-J. Schneider*, Mineral. Deposita (Berlin) 11 (1976) 111

[49] *A. J. Ellis*, Geothermics 5 (1977) 3

[50] Nuclear Techniques and Mineral Resources, Proceedings of a Symposium held in Buenos Aires, 5—9 Nov. 1968, Proc. Series — STI/PUB/168, IAEA, Vienna 1968

[51] Nuclear Techniques and Mineral Resources 1977, Proceedings of a Symposium held in Vienna 7—10 March 1977, Proc. Series-STI/PUB /464, IAEA, Vienna 1977

[52] Formation of Uranium Ose Deposits, Proceedings of a Symposium held in Athens 6—10 May 1974, Proc. Series — STI/PUB/374, IAEA, Vienna 1974

[53] Exploration for Uranium Ore Deposits, Proceedings of a Symposium held in Vienna 29 March—2 April 1976, Proc. Series — STI/PUB/434, IAEA, Vienna 1976

[54] Nuclear Techniques for Mineral Exploration and Exploitation, Proceedings of a Panel held in Cracow, 8—12 Dec. 1969, Panel Proc. Series — STI/PUB/279, IAEA Vienna 1969

[55] Nuclear Techniques in Geochemistry and Geophysics, Proc. of a Panel held in Vienna, 25–29 Nov. 1974 Panel Proc. Series — STI/PUB/425, IAEA, Vienna 1976
[56] Uranium Exploration Geology, Proc. of a Panel held in Vienna, 13–17 April 1970, Panel Proc. Series — STI/PUB/277, IAEA, Vienna 1970
[57] Uranium Exploration Methods, Proc. of a Panel held in Vienna, 10–14 April 1972, Panel Proc. Series — STI/PUB/334, IAEA, Vienna 1973
[58] Modern Trends in Mining Geophysics and Nuclear well Logging for Mineral Exploration, Internat. Symposium on Geophysics and Geochemistry applied to the Search for Metallic Ores „Exploration 77" held in Ottawa, 16–20 Oct. 1977
[59] *R. L. Caldwell, K. P. Desai, W. R. Mills*, J. Geophysical well logging using nuclear techniques in [55], S. 3
[60] *A. P. Langheinrich, J. W. Forster, T. A. Linn* jr., Current status and potential of solid-state detectors in industrial and field applications IAEA-SM-159/21 in Nuclear Techniques in the Basic Metal Industries, Proc. of a Symposium held in Helsinki 31. 07. – 04. 08. 1972, Proc. Series — STI/PUB/314, IAEA Vienna 1973, S. 429

Originalarbeiten

Über die Weiterentwicklung der Manganbadmethode zur Darstellung der Einheit der Quellstärke radioaktiver Neutronenquellen im ASMW

K. Groche, H. Greupner

(Amt für Standardisierung, Meßwesen und Warenprüfung, Fachabteilung Ionisierende Strahlung)[1])

Es wird über die Weiterentwicklung der Methode der Absolutmessung der Quellstärke radioaktiver Neutronenquellen nach der Manganbadmethode im ASMW berichtet. Durch den Einsatz eines Vielkanalanalysators zur Registrierung der vom Szintillationsmeßkopf abgegebenen Impulse bei der Aktivitätsmessung im Manganbad wurde das Problem der Konstanzüberwachung der Meßapparatur besser gelöst. Mit der verbesserten Manganbadmethode wurden die Quellstärkewerte der Sekundärnormal-Neutronenquellen des ASMW des Reaktionstyps $^{241}AmBe(\alpha, n)$, $^{239}PuBe(\alpha, n)$ und $RaBe(\alpha, n)$ mit einer Meßunsicherheit kleiner 2,0% bestimmt.

(D15) INIS DESCRIPTORS:

absolute counting; accuracy; americium 241; aqueous solutions; beryllium 9 target; calibration; calibration standards; gamma spectroscopy; manganese 56; manganese sulfates; neutron sources; plutonium 239; radioactivation; radium isotopes; thermal neutrons

1. Prinzip der Manganbadmethode

Die Absolutmessung der Quellstärke einer radioaktiven Neutronenquelle nach der Manganbadmethode beruht darauf, daß die Neutronen, die die Quelle verlassen und in einer wäßrigen $MnSO_4$-Lösung thermalisiert werden, Manganatome aktivieren. Dabei entsteht aus dem inaktiven Isotop ^{55}Mn (natürliche Häufigkeit: 100%) das radioaktive Isotop ^{56}Mn, das sich in ^{56}Fe mit einer Halbwertszeit von $(2{,}5785 \pm 0{,}0006)$ h [1] umwandelt. Abb. 1 zeigt das Zerfallsschema von ^{56}Mn [2].

Da die Wahrscheinlichkeit der Aktivierung von Manganatomen (sie läßt sich aus der Anzahl der Atome pro Kubikzentimeter in der Lösung und ihren Absorptionsquerschnitten ermitteln) und die Zahl der Aktivierungen von Manganatomen pro Sekunde (Sättigungsaktivität) berechnet bzw. gemessen werden können, kann man die Gesamtzahl der pro Zeiteinheit im Manganbad absorbierten Neutronen errechnen, die bis auf Korrekturen gleich der Quellstärke der zu messenden Neutronenquelle ist.

Die praktische Durchführung der Quellstärkemessung geschieht folgendermaßen: Die Neutronenquelle wird in der Mitte eines mit wäßriger $MnSO_4$-Lösung bekannter Konzentration gefüllten zylindrischen oder kugelförmigen Tanks aufgehängt. Seine Größe wird so gewählt, daß einerseits die Effektivität der Aktivitätsmessung nicht zu schlecht und andererseits die Wahrscheinlichkeit, daß Neutronen aus dem Bad entweichen, nicht zu hoch wird. Die Konzentration der $MnSO_4$-Lösung wird, wenn eine sehr reine Lösung vorausgesetzt werden kann, durch Eindampfen [3] oder über die Dichte [4], im allgemeinen Fall naßchemisch bestimmt. Die Neutronenquelle bleibt bis zum Erreichen der Sättigungsaktivität im Manganbad. Nach Entfernen der Quelle wird die Lösung umgerührt, so daß sich die radioaktiven ^{56}Mn-Kerne gleichmäßig in der Lösung verteilen. Die Aktivität des ^{56}Mn wird mit einem kalibrierten Szintillationsdetektor gemessen (s. Abschn. 3.1.). Abb. 2 zeigt das Blockschaltbild der Meßeinrichtung nach der Manganbadmethode. Für die Quellstärke einer radioaktiven Neutronenquelle erhält man unter Berücksichtigung aller notwendigen Korrekturen folgenden

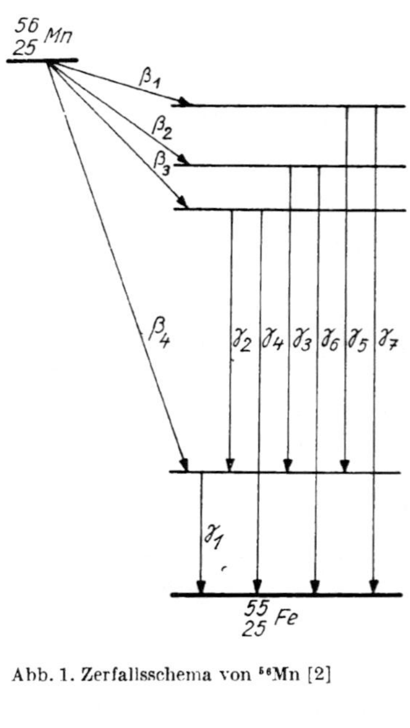

β^--Übergänge

	E_{max} keV	Übergangswahrscheinlichkeit
β_1	327,1	0,016
β_2	736,9	0,146
β_3	1039,3	0,279
β_4	2850,0	0,563

γ-Übergänge

	E keV	Emissionswahrscheinlichkeit
γ_1	846,75	0,989
γ_2	1810,72	0,272
γ_3	2113,05	0,143
γ_4	2522,88	0,099
γ_5	2657,54	0,00693
γ_6	2959,77	0,00306
γ_7	3369,6	0,00168

Abb. 1. Zerfallsschema von ^{56}Mn [2]

[1]) Anschrift: DDR-1026 Berlin, Wallstraße 16

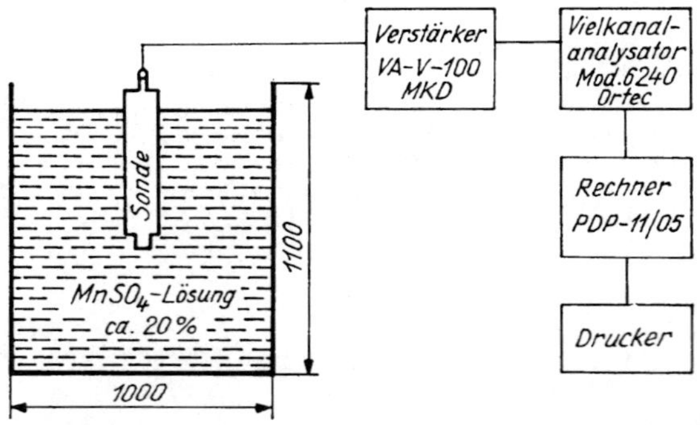

Abb. 2. Prinzipskizze der Normalmeßeinrichtung nach der Manganbadmethode

Ausdruck

$$Q = \frac{Z_\infty}{F} \cdot R \cdot (1 + K_S) \cdot (1 + K_E) \cdot (1 + K_Q) \quad (1)$$

Hierin bedeuten

Z_∞: Sättigungsimpulsrate des ^{56}Mn ($\mathrm{Imp} \cdot \mathrm{s}^{-1}$)

F: Wahrscheinlichkeit der Absorption thermischer Neutronen durch die Mangankerne

R: Kalibrierfaktor des Szintillationsdetektors ($\mathrm{Bq/Imp} \cdot \mathrm{s}^{-1}$)

$(1 + K_S)$: Korrektionsfaktor für die Absorption schneller Neutronen durch Sauerstoff- und Schwefelkerne

$(1 + K_E)$: Korrektionsfaktor für das Entweichen von Neutronen aus dem Bad

$(1 + K_Q)$: Korrektionsfaktor für die Absorption thermischer Neutronen durch die Quelle.

Die Wahrscheinlichkeit für die Absorption thermischer Neutronen durch die Mangankerne wird folgendermaßen gebildet

$$F = \frac{C_{Mn}\sigma_{Mn}(1 + K_{Mn})}{C_{Mn}\sigma_{Mn}(1 + K_{Mn}) + C_H\sigma_H + C_S\sigma_S} \quad (2)$$

Hierin bedeuten

C_{Mn}, C_H, C_S: Zahl der pro Kubikzentimeter in der Lösung vorhandenen Mangan-, Wasserstoff- bzw. Schwefelkerne

$\sigma_{Mn}, \sigma_H, \sigma_S$: Absorptionsquerschnitte der Mangan-, Wasserstoff- bzw. Schwefelkerne für thermische Neutronen

$(1 + K_{Mn})$: Korrektionsfaktor zur Berücksichtigung der Resonanzabsorption durch die Mangankerne.

2. Nachweis der Aktivität im Manganbad

Zur Bestimmung der Aktivität der $MnSO_4$-Lösung wird das Abklingen des ^{56}Mn über die Dauer mehrerer Halbwertszeiten verfolgt. Dadurch ist eine bedingte Möglichkeit zur Kontrolle der Radionuklidreinheit der aktivierten $MnSO_4$-Lösung gegeben, und es lassen sich durch die größere Zahl der Messungen die zu bestimmenden Impulsraten mit verringertem statistischen Fehler ermitteln.

Für genaue und gut reproduzierbare Messungen ist es notwendig zu gewährleisten, daß stets nur die Impulse gezählt werden, die von γ-Quanten eines definierten Teils des Spektrums des ^{56}Mn herrühren. Einige Autoren sichern reproduzierbare Meßbedingungen durch elektronische Maßnahmen, wie die Überwachung der Lage der Diskriminatorschwelle mit einem Impulsgenerator [5]. Damit können aber nur die zeitlichen Änderungen, z. B. des Verstärkungsgrades der Elektronik oder der Schwellenhöhe, überwacht werden. Änderungen des Verstärkungsgrades des SEV der Szintillationssonde werden nicht erfaßt.

Andere Autoren überwachen die Verstärkung mittels γ-Kontrollstrahlungsquellen, z. B. der Nuklide ^{137}Cs, ^{210}Pb, ^{60}Co [6–9, 11, 12]. Dieses Verfahren wurde früher auch im ASMW angewandt [10]. Hierbei wird die Lage der zu den γ-Übergängen dieser Nuklide gehörenden Photo-Peaks mit einem Analysator kontrolliert, und Änderungen des Verstärkungsgrades werden korrigiert. Nachteile dieser Methode sind, daß die Messungen der Aktivität der $MnSO_4$-Lösung zur Überprüfung des Verstärkungsgrades unterbrochen werden müssen, so daß nichts über die Änderung der Verstärkung während der Messungen ausgesagt werden kann und die Meßwerte vor der Überprüfung bei nachfolgender Korrektur des Verstärkungsgrades mit einem zusätzlichen Fehler behaftet sind.

Eine weitere Möglichkeit der Sicherung reproduzierbarer Meßbedingungen ist die Festlegung des zur Auswertung verwendeten Teils des Spektrums mit Hilfe eines Vielkanalanalysators [13 bis 15].

Mit dem Szintillationsmeßkopf sind drei γ-Linien des im Tank aktivierten Nuklides ^{56}Mn ohne Schwierigkeiten nachweisbar. Es handelt sich um die Linien bei 847, 1811 und 2113 keV mit den Emissionswahrscheinlichkeiten 0,99, 0,27 und 0,14. In dem in Abb. 3 gezeigten Spektrum sind die diesen Linien entsprechenden Photo-Peaks deutlich zu erkennen. Dieses Spektrum wurde nach Aktivierung des Manganbades mit einer RaBe(α, n)-Quelle bis zur Sättigungsaktivität gemessen. Der Konversionsgrad des Vielkanalanalysators wurde für alle Messungen so eingestellt, daß einer Impulshöhe von +10 V am Eingang des Analysators der Kanal 256 entsprach.

Zur Absolutbestimmung der Quellstärke einer ^{241}AmBe- und einer ^{239}PuBe-Quelle wurde das Energieintervall von 690 bis 910 keV ausgewählt. Hierin liegt die 847-keV-Linie des ^{56}Mn.

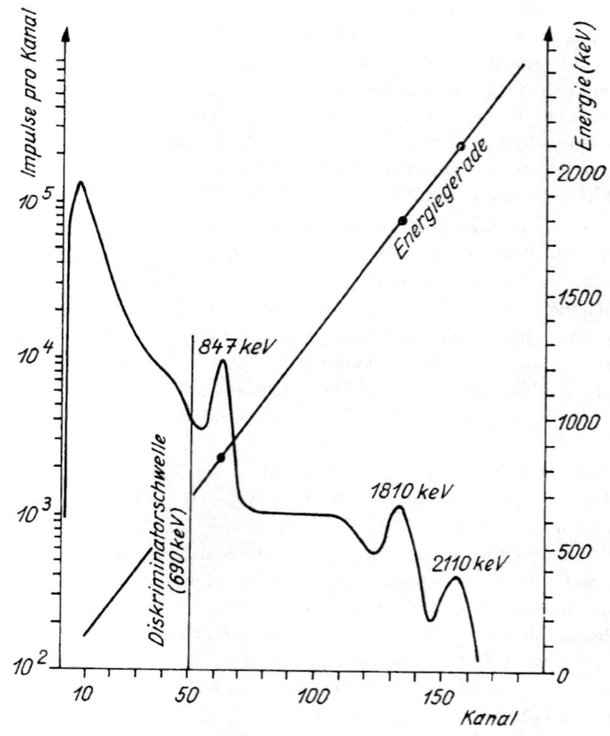

Abb. 3. Im Manganbad gemessenes γ-Spektrum des Nuklids ^{56}Mn mit Energiegeraden

Bitte beachten: Statt 1810 keV lies 1811 keV; statt 2110 keV lies 2113 keV

Die Ermittlung der zu messenden Impulszahl erfolgte aus der Fläche des 847-keV-Peaks innerhalb des angegebenen Energieintervalls („Analysatormethode"). Die Kanalgrenzen des auszuwertenden Bereichs wurden nach jeder Messung mittels der Energiegeraden bestimmt, die sich aus der Lage der drei Peaks des gemessenen ^{56}Mn-Spektrums jeweils neu ergab. Dieses Verfahren hat den Vorteil, daß γ-Strahlung, die vom Zerfall von möglicherweise im Manganbad durch Neutroneneinfang entstehenden anderen Radionukliden herrührt, das Meßergebnis wenig beeinflußt. Der Nachteil dieser Methode ist, daß nur ein geringer Teil der registrierten Impulse zur Auswertung gelangt.

Die Messungen erbrachten keine Hinweise auf das Entstehen von zusätzlichen γ-Strahlern im Manganbad, so daß, um die Zählstatistik zu verbessern, bei den Messungen zur Bestimmung der Quellstärke einer RaBe(α, n)-Quelle ein etwas verändertes Verfahren zur Bestimmung der im Meßzeitraum gemessenen Impulsrate angewendet werden konnte.

Unter Ausnutzung der Peaks des ^{56}Mn bei 847 und 1811 MeV wurde rechnerisch (Zweipunkteform der Geradengleichung) der Kanal ermittelt, dem eine Energie von 690 keV entspricht. Gezählt werden die Impulse, die über der so ermittelten Schwelle liegen („Diskriminatormethode").

Beide Methoden wurden für die im folgenden Abschnitt beschriebenen Messungen eingesetzt.

3. Neubestimmung der Quellstärkewerte der Sekundärnormal-Neutronenquellen des ASMW

Im ASMW werden je eine ^{241}AmBe(α, n)-, eine ^{239}PuBe(α, n)- und eine RaBe(α, n)-Neutronenquelle als Sekundärnormale für die Quellstärkeeinheit eingesetzt [16]. Über Neubestimmungen der Quellstärkewerte dieser Sekundärnormalquellen mit der im Abschnitt 2 beschriebenen Methode wird im folgenden berichtet.

3.1. *Angaben zur Meßmethodik*

Die $MnSO_4$-Lösung befindet sich in einem zylinderförmigen Vinidurbehälter, dessen Höhe 1,10 m und dessen Durchmesser 1 m beträgt. Die Dichte der $MnSO_4$-Lösung wurde gravimetrisch und ihre quantitative Zusammensetzung potentiometrisch*) bestimmt.

Eine Lösung 1 diente zur Absolutbestimmung der Quellstärke der ^{241}AmBe- und der ^{239}PuBe-Quelle. Durch Zugabe von $MnSO_4$ wurde aus Lösung 1 eine Lösung 2 hergestellt und zur Quellstärkebestimmung der RaBe(α, n)-Quelle verwendet. In Tab. 1 sind die relativen Massenkonzentrationen, die Dichten und die Anzahl der Mangan-, Schwefel-, Sauerstoff- und Wasserstoffkerne pro Kubikzentimeter Lösung für beide Lösungen zusammengestellt.

Tab. 1. Zusammensetzung der verwendeten Lösungen

Größe	Lösung 1	Lösung 2
C in %	14,16 $\pm$ 0,03	20,51 $\pm$ 0,05
ϱ in g/cm³	1,145 $\pm$ 0,001	1,227 $\pm$ 0,001
C_{Mn} in 1/cm³	(6,60 $\pm$ 0,02) · 10^{20}	(10,08 $\pm$ 0,03) · 10^{20}
C_H in 1/cm³	(6,39 $\pm$ 0,02) · 10^{20}	(10,01 $\pm$ 0,03) · 10^{20}
C_S in 1/cm³	(6,573 $\pm$ 0,007) · 10^{22}	(6,548 $\pm$ 0,009) · 10^{22}
C_0 in 1/cm³	(3,545 $\pm$ 0,004) · 10^{22}	(3,662 $\pm$ 0,005) · 10^{22}
$\frac{C_{Mn}}{C_S}$	1,033 $\pm$ 0,006	1,006 $\pm$ 0,004

*) Diese Bestimmung wurde in der FA Stoffdaten-Analysenmeßtechnik des ASMW durchgeführt. Den Kollegen sei hierfür herzlich gedankt.

Zum Nachweis der Gamma-Strahlung des ^{56}Mn diente die in Abb. 2 dargestellte Meßanordnung.

Die Sonde besteht aus einem NaJ(Tl)-Kristall vom Typ ANT 0301 (Durchmesser: 35 mm, Höhe: 25 mm) und einem SEV vom Typ S12 FS 50 mit angeschlossenem White-Katodenfolger, die lichtdicht in ein zylindrisches Gehäuse eingebaut sind. Der Meßkopf ist innerhalb des Manganbades wasserdicht in einem Vinidurrohr (Wanddicke: 5 mm) untergebracht. Der Kristall befindet sich im Mittelpunkt des Behälters. Die Szintillationsimpulse wurden mit einem Linearverstärker-Analysator (Typ VA-V-100 des VEB RFT Meßelektronik „Otto Schön" Dresden) verstärkt und mit einem Vielkanalanalysator (Model 6240 der Fa. Ortec, USA) registriert.

Die Berechnung der Aktivität der $MnSO_4$-Lösung aus den gemessenen Impulsraten erfordert die Kenntnis der Effektivität der Meßanordnung für die zu registrierende Strahlung, d. h. den Anschluß der Meßanordnung an die Einheit der Aktivität. Zur Bestimmung des Kalibrierfaktors R wurden 3 mg $MnSO_4$-Salz im Forschungsreaktor des ZfK Rossendorf in einem Feld thermischer Neutronen hoher Flußdichte aktiviert. Das aktivierte Salz wurde gelöst und von der Lösung ein Aliquot zur Herstellung von Meßstrahlungsquellen für die $4\pi\beta$-γ-Koinzidenzmeßeinrichtung des ASMW [17] entnommen. Gleichzeitig wurde ein abgewogener Teil der Lösung dem inaktiven Manganbad zugesetzt und die sich ergebende Impulsrate mit der zu kalibrierenden Szintillationssonde gemessen.

Das Verhältnis zwischen der mit der $4\pi\beta$-γ-Koinzidenzmeßeinrichtung, die zum Primärnormal der Aktivitätseinheit gehört, absolut gemessenen Aktivitätskonzentration und der mit dem zu kalibrierenden Szintillationsmeßkopf gemessenen massenbezogenen Nettoimpulsrate ergibt, bezogen auf den gleichen Zeitpunkt, den Kalibrierfaktor R zu

$$R = \frac{A_s(t) \cdot m}{J(t)} \tag{3}$$

mit

$A_s(t)$: Aktivitätskonzentration der dem Manganbad zugesetzten Lösung (Bq · g^{-1})

$J(t)$: mit dem zu kalibrierenden Szintillationsmeßkopf gemessene Nettozählrate (Imp · s^{-1})

m: Masse der dem Manganbad zugesetzten radioaktiven Lösung (g).

Der Kalibrierfaktor wurde zweimal bestimmt. Die erste Kalibrierung (1977) erfolgte zur Bestimmung der Quellstärkewerte der ^{241}AmBe- und der ^{239}PuBe-Quelle und die zweite (1978) im Zusammenhang mit der Bestimmung der Quellstärke der RaBe (α, n)-Quelle. Bei jeder dieser Kalibrierungen wurde der Kalibrierfaktor an 10 verschiedenen Zeitpunkten ermittelt. Der endgültige Wert ergab sich dann als gewichtetes Mittel. Die ermittelten Werte sind in Tab. 2 zusammengestellt. Als Fehler sind die mittleren Fehler der Mittelwerte für $P = 99\%$ angegeben.

Tab. 2. Zusammenstellung der Kalibrierfaktoren R

Methode	Kalibrierfaktor R $\frac{\text{Bq}}{\text{Imp} \cdot s^{-1}}$	
	Bestimmung 1977	Bestimmung 1978
Analysatormethode	17348 $\pm$ 146	17290 $\pm$ 227
Diskriminatormethode	—	9690 $\pm$ 101

3.2. *Auswertung und Korrektionen*

3.2.1. Absorptionsquerschnitte. Es wurden folgende Werte für die Absorptionsquerschnitte der Mangan-, Wasserstoff- und Schwefelkerne für thermische Neutronen verwendet [18]:

$$\sigma_{Mn} = (1320 \pm 10)\ \text{fm}^2$$
$$\sigma_H = (33{,}2 \pm 0{,}2)\ \text{fm}^2$$
$$\sigma_S = (52 \pm 2)\ \text{fm}^2$$

3.2.2. Korrektionsfaktoren. Werte für den Korrektionsfaktor $(1 + K_{Mn})$ wurden von verschiedenen Autoren [19–21] für radioaktive Neutronenquellen in $MnSO_4$-Lösung verschiedener Konzentration bestimmt. Für die hier verwendeten Lösungen ergaben sich aus [19] die in Tab. 3 aufgeführten Werte.

Tab. 3. Korrektionsfaktor $(1 + K_{Mn})$ für die Berücksichtigung der Resonanzabsorption durch die Mangankerne

Lösung	$\frac{C_{Mn}}{C_H}$	$(1 + K_{Mn})$
1	0,010	1,0112 ± 0,0010
2	0,015	1,0122 ± 0,0010

Die Werte für den Korrektionsfaktor $(1 + K_S)$ wurden von *Murphey* [22] übernommen. Sie sind in Tab. 4 zusammengestellt.

Tab. 4. Korrektionsfaktor $(1 + K_S)$ für die Absorption schneller Neutronen durch die Sauerstoff- bzw. Schwefelkerne

Lösung	Dichte g/cm³	RaBe(α, n)	^{239}PuBe	^{241}AmBe
1	1,145	1,024 ± 0,005	1,035 ± 0,005	1,038 ± 0,005
2	1,227	1,025 ± 0,005	1,038 ± 0,005	1,040 ± 0,005

Die Werte für den Korrektionsfaktor $(1 + K_E)$ wurden nach dem von *De Volpi* [23] vorgeschlagenen Verfahren berechnet. Da sich die $MnSO_4$-Lösung nicht in einem kugelförmigen, sondern in einem zylindrischen Gefäß befand, wurde als einheitlicher Abstand Quelle – Behälteroberfläche ein Wert von 57,2 cm angesetzt. Dem entspricht eine Kugel mit dem Volumen des verwendeten zylindrischen Gefäßes. Die errechneten Werte für $(1 + K_E)$ sind in Tab. 5 aufgeführt.

Tab. 5. Korrektionsfaktoren $(1 + K_E)$ für das Entweichen von Neutronen aus dem Band und $(1 + K_Q)$ für die Absorption thermischer Neutronen durch die Quelle

Korrektions-faktor	^{241}AmBe	^{239}PuBe	RaBe(α, n)
$(1 + K_E)$	1,009 ± 0,003	1,009 ± 0,003	1,006 ± 0,003
$(1 + K_Q)$	1,007 ± 0,002	1,009 ± 0,002	1,005 ± 0,002

Bei den Korrektionsfaktoren $(1 + K_Q)$ wurde folgendermaßen verfahren:

Für die ^{241}AmBe-Quelle wurde der Wert von *Rotondi* [5] übernommen, da die dort verwendete Neutronenquelle der Fa. The Radiochemical Centre, Amersham, vom gleichen Typ wie die des ASMW ist. Mögliche geringe Unterschiede der Konzentration der verwendeten $MnSO_4$-Lösungen berücksichtigt eine etwas vergrößert angesetzte Meßunsicherheit dieses Korrektionsfaktors. Für die ^{239}PuBe- und die RaBe(α, n)-Quelle wurden die Faktoren übernommen, die früher im ASMW nach dem in [24] beschriebenen Verfahren im Rahmen von absoluten Quellstärkebestimmungen an diesen Quellen nach der Goldfolienmethode ermittelt worden waren. Die Werte für diesen Korrektionsfaktor sind ebenfalls in Tab. 5 aufgeführt.

3.2.3. Mittlere Sättigungsimpulsrate. Die mit der Szintillationssonde in verschiedenen zeitlichen Abständen vom Aktivierungsende t innerhalb der Meßzeit t_m erhaltenen Nettoimpulszahlen $(Z_{ji}(t_m, t) - Z_{j0}(t_m))$ wurden unter Verwendung der Zerfallskonstanten λ nach folgender Beziehung zur Sättigungsimpulsrate $(Z_{ji\infty})$ umgerechnet:

$$Z_{ji\infty} = (Z_{ji}(t_m, t) - Z_{j0}(t_m)) \cdot \frac{t_m \cdot \lambda \cdot e^{\lambda t}}{(1 - e^{-\lambda t})} \tag{4}$$

Nach jeder Aktivierung (Index j, $1 \leq j \leq m$) wurden 10 bis 25 Messungen (Index i, $1 \leq i \leq k$) durchgeführt und die Sättigungsimpulsrate $(Z_{j\infty})$ mit dem dazugehörigen mittleren Fehler des Mittelwertes $(\Delta Z_{j\infty})$ errechnet.

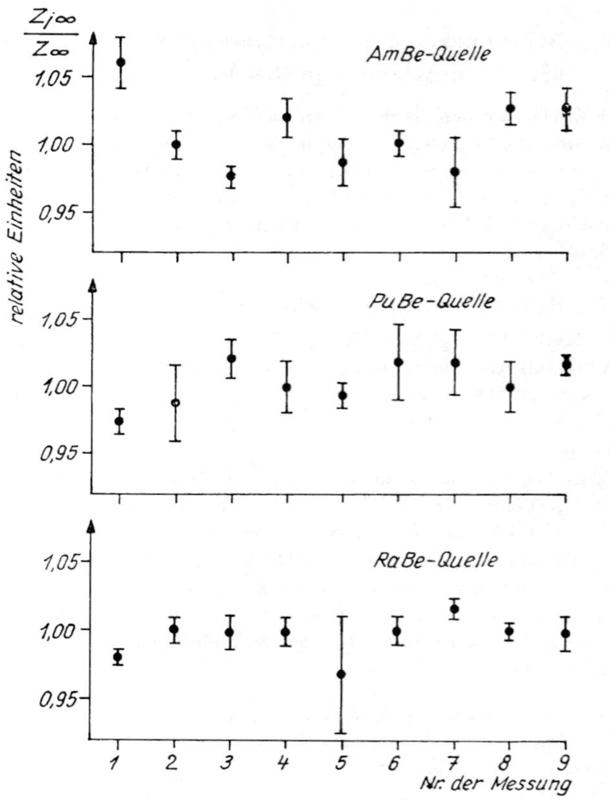

Abb. 4. Mittelwerte der gemessenen Sättigungsimpulsraten mit zugehörigen mittleren Fehlern der Mittelwerte

Die Abb. 4 zeigt die Mittelwerte der normierten Sättigungsimpulsraten und die zugehörigen mittleren Fehler der Mittelwerte. Die mittleren Sättigungsimpulsraten Z_∞ wurden als gewichtetes Mittel aus den Ergebnissen der Einzelmessungen errechnet. Für die Mittelwertbildung wurden nur die Werte von $Z_{j\infty}$ herangezogen, für die nach einem in [25] angegebenen Prüfverfahren gezeigt werden konnte, daß sie aus ein und derselben Grundgesamtheit stammen.

Tab. 6. Sättigungsimpulsraten

Quelle	Anzahl der Messungen	Anzahl der ausgewerteten Messungen	$t(n, P = 95\%)$	Sättigungsimpulsraten
^{241}AmBe	9	6	2,57	(36,05 ± 0,20) Imp/s
^{239}PuBe	9	8	2,37	(38,81 ± 0,39) Imp/s
RaBe(α, n)	9	7	2,45	(204,2 ± 0,8) Imp/s

In Tab. 6 sind die Anzahl der Messungen, die Anzahl der ausgewerteten Messungen, die für eine statistische Sicherheit von $P = 95\%$ verwendeten *Student*-Faktoren und die mittleren Sättigungsimpulsraten mit den dazugehörigen mittleren Fehlern der Mittelwerte für die gemessenen Neutronenquellen zusammengestellt.

3.3. Berechnung der Meßunsicherheiten

Die Meßunsicherheit der Quellstärkewerte ΔQ wird nach dem von *v. Martens* und *Pippig* [26] vorgeschlagenen Verfahren ermittelt.

Danach wird der zufällige Fehler ΔQ_f (Vertrauensgrenze des zufälligen Fehleranteils) nach

$$\Delta Q_f = \sqrt{\sum_{i=1}^{l} \left(\frac{t_i(P, n_i)}{\sqrt{n_i}} \cdot \left| \frac{\partial Q}{\partial x_i} \right|_{\bar{x}_i} \cdot S_{x_i} \right)^2} \tag{5}$$

berechnet.

In Gl. (5) bedeuten

$t_i(P, n_i)$: *Student*-Faktor

x_i: i-te Bestimmungsgröße der Quellstärke Q

n_i: Zahl der Einzelmessungen der Bestimmungsgröße x_i

$S_{\bar{x}_i}$: Standardabweichung der Einzelwerte der Bestimmungsgrößen x_i

Der Index $\bar{x}_i$ an den Ausdrücken $\partial Q/\partial x_i$ deutet darauf hin, daß zu ihrer Berechnung die Mittelwerte der x_i einzusetzen sind.

Der systematische Fehler ΔQ_S (Vertrauensgrenze des nichterfaßten systematischen Fehleranteils) berechnet sich nach

$$\Delta Q_S = t(P) \cdot \sqrt{\frac{1}{3} \sum_{i=1}^{m} \left(\left| \frac{\partial Q}{\partial x_i} \right|_{\bar{x}_i} \cdot a_{x_i} \right)^2} \tag{6}$$

mit

a_{x_i}: Grenze des systematischen Fehleranteils der i-ten Bestimmungsgröße x_i.

Unter dem systematischen Fehler einer Bestimmungsgröße wird die Meßunsicherheit verstanden, mit der der Wert dieser Bestimmungsgröße nach Anbringung aller Korrekturen behaftet bleibt.

Die Gl. (6) gilt dann, wenn mehr als 4 systematische Fehleranteile zusammengefaßt werden. Unter Beachtung dieser Bedingung gilt nach [26] für die Zusammenfassung des zufälligen und des systematischen Fehleranteils zur Meßunsicherheit eines Quellstärkewertes:

$$\Delta Q = \sqrt{(\Delta Q_f)^2 + (\Delta Q_S)^2} \quad \text{bzw.} \tag{7a}$$

$$\frac{\Delta Q}{Q} = \sqrt{\left(\frac{\Delta Q_f}{Q}\right)^2 + \left(\frac{\Delta Q_S}{Q}\right)^2}. \tag{7b}$$

In Tab. 7 sind die Bestimmungsgrößen, ihre Werte einschließlich der Fehler und die zur Berechnung der Meßunsicherheit notwendigen Gewichtsfaktoren für die ^{241}AmBe-Quelle zusammengestellt.

Tab. 7. Angaben zur Berechnung der Meßunsicherheit des Quellstärkewerts der ^{241}AmBe-Quelle nach [26] ($P = 95\%$)

Bestimmungsgröße	relativer zufälliger Fehleranteil $\frac{t_i(95\%, n_i)}{\sqrt{n_i}} \cdot \frac{S_{x_i}}{x_i}$	relativer systematischer Fehleranteil $\frac{a_{x_i}}{x_i}$	Gewicht $\left\| \frac{\partial Q}{\partial x_i} \right\|_{\bar{x}_i} \cdot \frac{x_i}{Q}$	relativer gewichteter Fehleranteil
Z_∞	$5{,}55 \cdot 10^{-3}$	–	1	$5{,}55 \cdot 10^{-3}$
R	–	$8{,}43 \cdot 10^{-3}$	1	$8{,}43 \cdot 10^{-3}$
C_{Mn}	–	$3{,}03 \cdot 10^{-3}$	0,716	$2{,}17 \cdot 10^{-3}$
C_S	–	$3{,}13 \cdot 10^{-3}$	0,011	$0{,}03 \cdot 10^{-3}$
C_H	–	$1{,}06 \cdot 10^{-3}$	0,705	$0{,}75 \cdot 10^{-3}$
σ_{Mn}	–	$7{,}58 \cdot 10^{-3}$	0,716	$5{,}42 \cdot 10^{-3}$
σ_H	–	$6{,}02 \cdot 10^{-3}$	0,705	$4{,}25 \cdot 10^{-3}$
σ_S	–	$38{,}46 \cdot 10^{-3}$	0,011	$0{,}42 \cdot 10^{-3}$
$(1 + K_{Mn})$	–	$1{,}00 \cdot 10^{-3}$	0,716	$0{,}71 \cdot 10^{-3}$
$(1 + K_S)$	–	$4{,}82 \cdot 10^{-3}$	1	$4{,}82 \cdot 10^{-3}$
$(1 + K_E)$	–	$2{,}97 \cdot 10^{-3}$	1	$2{,}97 \cdot 10^{-3}$
$(1 + K_Q)$	–	$1{,}99 \cdot 10^{-3}$	1	$1{,}99 \cdot 10^{-3}$

Nach den Gl. (5, 6, 7a, b) folgt für die Meßunsicherheit der ^{241}AmBe-Quelle:

$$\frac{\Delta Q_f}{Q} = 5{,}55 \cdot 10^{-3} ,$$

$$\frac{\Delta Q_s}{Q} = 1{,}43 \cdot 10^{-2} \quad \text{und}$$

$$\frac{\Delta Q}{Q} = 1{,}54 \cdot 10^{-2} .$$

Entsprechend ergab sich für die ^{239}PuBe-Quelle:

$$\frac{\Delta Q}{Q} = 1{,}75 \cdot 10^{-2}$$

und die RaBe(α, n)-Quelle:

$$\frac{\Delta Q}{Q} = 1{,}59 \cdot 10^{-2} .$$

4. Ergebnisse der Quellstärkebestimmungen

In Tab. 8 sind die Ergebnisse der Quellstärkebestimmung der Sekundärnormal-Neutronenstrahlungsquellen des ASMW nach der Manganbadmethode zusammengefaßt. Die beschriebenen Verbesserungen der Manganbadmethode führten dazu, daß nunmehr dem ASMW als Teil des Primärnormals eine Meßeinrichtung zur Verfügung steht, die hinsichtlich der erreichbaren Genauigkeit bei der Darstellung der Quellstärkeeinheit radioaktiver Neutronenquellen hohen Ansprüchen genügt. Ihre Eignung konnte bei der wiederholten Bestimmung der Quellstärkewerte der im ASMW als Sekundärnormale verwendeten Neutronenquellen nachgewiesen werden. Es konnten die früher gemessenen Quellstärkewerte mit verbesserter Darstellungsgenauigkeit reproduziert werden.

Tab. 8. Ergebnisse der Bestimmungen der Quellstärke der Sekundärnormal-Neutronenquellen des ASMW nach der Manganbadmethode ($P = 95\%$)

Quelle	Quellstärkewert	Meßunsicherheit
^{241}AmBe	$(2{,}319 \pm 0{,}035) \cdot 10^6\ s^{-1}$	1,5%
^{239}PuBe	$(2{,}494 \pm 0{,}045) \cdot 10^6\ s^{-1}$	1,8%
RaBe(α, *n*)	$(5{,}439 \pm 0{,}087) \cdot 10^6\ s^{-1}$	1,6%

Eingegangen am 5. 7. 1979

Literatur

[1] *F. Lagoutine, J. Legrand*, Nucl. Instr. Meth. **112** (1973) 323
[2] *M. J. Martin*, Rep. ORN – 5114 – 76
[3] *E. J. Axton, P. Cross*, Jorunal of Nucl. Energy Parts A/B **15** (1961) 22
[4] *A. De Volpi, R. I. Armani, K. G. Porges*, Journal of Nucl. Energy Parts A/B **19** (1965) 597 und Journal of Nucl. Energy **21** (1967) 521
[5] *E. Rotondi*, Energia nucleare **21** (1974) 50
[6] *K. W. Geiger*, Canad. Journal of Physics **37** (1959) 550
[7] *W. I. Fominych, I. A. Jarizyna*, Trudy Metrologitscheskich Institutow SSR, 89, Moskau 1967
[8] *E. R. Mosburg*, Jr., Journal of Research of the NBS **62** (1959) 189
[9] *M. Kralik*, Jaderna energie **20** (1974) 311
[10] *E. Hochhäuser, H. Rothe, F. Gühne*, Kernenergie **12** (1969) 274
[11] *G. C. Hanna, O. J. C. Runnalls*, Canad. Journal of Physics **34** (1956) 959
[12] *R. M. Noyce* u. a., Reactor Science and Technology **17** (1963) 313
[13] *D. R. Davy*, Jorrnal of Nucl. Energy Parts A/B **20** (1966) 277
[14] *K. W. Geiger, A. P. Baerg*, Canad. Journal of Physics **43** (1965) 373
[15] *Y. Gurfinkel, S. Amiel*, Nucleonics **23** (1965) 76
[16] TGL 31543/11, Prüfschema für die Meßmittel der Einheit der Neutronenquellstärke von radioaktiven Neutronenquellen, Entwurf Juni 1978
[17] *E. Schönfeld*, Isotopenpraxis **7** (1971) 262
[18] *D. J. Hughes, R. B. Schwartz*, Neutron Cross Sections Report BNL 325, 1958, Supplement 1960
[19] *E. J. Axton, T. B. Ryves*, Journal of Nucl. Energy **21** (1967) 543
[20] *E. J. Axton, P. Cross, J. C. Robertson*, Journal of Nucl. Energy Parts A/B **19** (1965) 409
[21] *J. De Juren, J. Chin*, Journal of Research of the NBS **55** (1955) 311
[22] *W. M. Murphey*, Nucl. Instr. Meth. **37** (1965) 13
[23] *A. De Volpi*, Journal of Nucl. Energy **24** (1971) 577
[24] *E. Hochhäuser, H. Rothe, E. Schönfeld*, Kernenergie **12** (1969) 250
[25] *R. Storm*, Wahrscheinlichkeitsrechnung, mathematische Statistik und statistische Qualitätskontrolle, Leipzig 1974, S. 142
[26] *H. v. Martens, E. Pippig*, Verfahren zur Beschreibung des Fehlers eines korrigierten Meßergebnisses, Feingerätetechnik, in Vorbereitung

Untersuchungen zum Einfluß von Fe^{3+}-Ionen auf die Photolysegeschwindigkeit des Systems [1-^{14}C]Tributylzinnoxid/Cellulose

D. Klötzer

(Zentralinstitut für Kernforschung Rossendorf der AdW der DDR, Bereich Radioaktive Isotope)[1])

Es werden Untersuchungen zum Einfluß des Eisengehaltes der Cellulosematrix auf die Photolyse des ^{14}C-markierten Biocids [1-^{14}C]Tributylzinnoxid beschrieben. Die Experimente wurden im Spektralbereich 300–370 nm durchgeführt. Fe^{3+}-Ionen erhöhen die Photolysegeschwindigkeit der Organozinnverbindung signifikant.

(B12) INIS DESCRIPTORS:

carbon 14; catalysis; cations; cellulose; chemical reaction kinetics; iron compounds; near ultraviolet radiation; organometallic compounds; pesticides; photolysis; photosensitivity; sensitizers; tin oxides; tracer techniques

Jedes Jahr produziert die Vegetation auf der Erde etwa 100 Bill. Tonnen Cellulose – eine enorme und sich ständig reproduzierende Ressource. Die menschliche Gesellschaft schöpft seit vielen hundert Jahren aus diesem Rohstoffquell die vielfältig einsetzbaren Werkstoffe Holz, Papier und Textilfasern. Cellulose, die auch in unserem Zeitalter noch zu den wichtigsten polymeren Stoffen der Weltwirtschaft zählt, unterliegt jedoch der Zerstörung durch Mikroorganismen, Sonnenstrahlung, Wasser und atmosphärische Einwirkungen (Sauerstoff, Ozon, Stickoxide). Die Blockierung der Zerstörungs- und Abbaumechanis-

[1]) Anschrift: 8051 Dresden, PF 19

men, die einen gewaltigen ökonomischen Nutzen bringen würde, bietet noch heute ein weites Feld für Grundlagen- und praxisbezogene Forschung.

Einen wirksamen Schutz vor mikrobiellen Attacken erreicht man beispielsweise durch Imprägnierung mit biologisch aktiven Tributyl- oder Triphenylzinnverbindungen, wobei Tributylzinnoxid eine bevorzugte Stellung einnimmt. In Übersichtsarbeiten von *G. J. M. van der Kerk* [1], *A. Bokranz* und *H. Plum* [2], *P.* und *L. Smith* [3], *U. Thust* et al. [4] und *G. Berger* et al. [5] wird darüber berichtet.

Untersuchungen zum UV-induzierten Abbau von Tributylzinnoxid [6] zeigten, daß der auf Cellulose applizierte Wirkstoff wesentlich schneller abgebaut wird, als die reine, nicht an diesen Träger gekoppelte Organozinnverbindung. Dieser Umstand beeinträchtigt natürlich die Langzeitwirkung der bioziden Ausrüstung und muß beim jeweiligen Anwendungszweck ins Kalkül gezogen werden. Vor kurzem wurde in dieser Zeitschrift [7] berichtet, daß die durch Photolyse der Cellulosematrix – vor allem deren Glucoseeinheiten – erzeugten reaktionsfreudigen Spezies (u. a. Wasserstoffatome) die Geschwindigkeit des UV-induzierten Abbaus des Tributylzinnoxids beeinflussen. Durch radiogaschromatographische Untersuchungen flüchtiger Photolyseprodukte des Systems [1-^{14}C]Tributylzinnoxid/Cellulose [8] konnte nachgewiesen werden, daß sich die vom Tributylzinnoxidmolekül abgespaltenen [1-^{14}C]Butylradikale im wesentlichen durch Reaktion mit Wasserstoff zu [1-^{14}C]Butan stabilisieren. Die Möglichkeiten zur Rekombination mit dem Dibutylzinnfragment werden dadurch stark vermindert.

Die große Rolle, die die Photolyseprodukte der Matrix beim UV-induzierten Abbau von Tributylzinnverbindungen spielen, wirft die Frage nach weiteren Einflußgrößen auf. *N.-S. Hon* [9] berichtet, daß Spurenmengen von Übergangsmetallen die Lichtabsorption der Cellulose beeinflussen. So führte Bestrahlung mit Licht der 514.5-nm-Linie eines Argon-Lasers bei Cellulose zur Fluoreszenz. Eisenionen bilden mit Cellulose einen Komplex, der bei 360 nm absorbiert [10]. Inwieweit Fe^{3+}-Ionen das System [1-^{14}C]Tributylzinnoxid/Cellulose gegen UV-Strahlung sensibilisieren, darüber sollten unsere Untersuchungen Auskunft geben.

Experimentelles

Cellulosepulver MN 300 (ohne Gipszusatz) enthält nach Angaben des Herstellers folgende Spuren von Verbindungen der Übergangsmetalle: 15 ppm Fe und 6 ppm Cu.

Bei den hier beschriebenen Experimenten wurde sowohl mit kommerzieller Cellulose MN 300 (Fa. Macherey u. Nagel) als auch einer mit Fe^{3+}-Ionen angereicherten Modifikation dieses Produkts gearbeitet. Letztere wurde durch intensive Vermischung mit einer äquivalenten Menge einer 1%igen wäßrigen $FeCl_3$-Lösung und anschließender Gefriertrocknung (Vakuum) präpariert. Beide Cellulosetypen dienten als Matrix (Auftrage- und Bestrahlungszone der verwendeten DC-Platten) für [1-^{14}C]-Tributylzinnoxid, dessen spezifische Radioaktivität bei 23 MBq/mmol lag.

Die Auswertung der Bestrahlungsversuche wurde sowohl durch radiodünnschichtchromatographische Analyse (Trennzone der DC-Platte: Al_2O_3-neutral) [6, 11] als auch durch Verbrennungsanalyse (Kobaltoxid-Kontakt) mit nachgeschalteter Flüssigkeitsszintillationsmessung [7, 12] vorgenommen, so daß für jedes System parallele Versuchsserien erforderlich waren.

Als Strahlenquelle diente eine Quecksilberhochdrucklampe UVS 125 (VEB Narva), deren nutzbares emittiertes Licht mit Hilfe von Filterlösungen auf UV-Bereiche von 300–340 nm bzw. 320–370 nm eingestellt wurde.

Zusammensetzung der Filterlösungen:

UV-Bereiche: 300–340 nm
$1.75\ m\ NiSO_4 \cdot 6\ H_2O/0.5\ m\ CoSO_4 \cdot 7\ H_2O$

320–370 nm
$1.2\ m\ NiSO_4 \cdot 6\ H_2O/0.16\ m\ CuSO_4 \cdot 5\ H_2O$

Die Bestrahlungsintensität in der Probenposition wurde mit einem UV-Dosimeter (Typ BLAK-RAY®) gemessen.

Ergebnisse

Abb. 1 und 2 zeigen, daß Präsenz von Eisenionen in der Cellulosematrix die Photolysegeschwindigkeit des dort applizierte [1-^{14}C]Tributylzinnoxids wesentlich beeinflußt. Man beobachtete einerseits grundsätzlich eine Beschleunigung des Abbaus und andererseits eine Nivellierung der Abbaugeschwindigkeit in unterschiedlichen, sich allerdings hier überlappenden, langweiligen UV-Bereichen. Bei „eisenfreien" Systemen zeigen sich die erwarteten Unterschiede bezüglich Photolysegeschwindigkeit in den beiden ausgewählten UV-Bereichen. Der langwelligere Bereich unseres Programms erstreckt sich ja über die von *N.-S. Hon* [13] erkundete Spektralgrenze der Photolyseempfindlichkeit von reiner Cellulose hinaus, die bei 340 nm liegt. Die er-

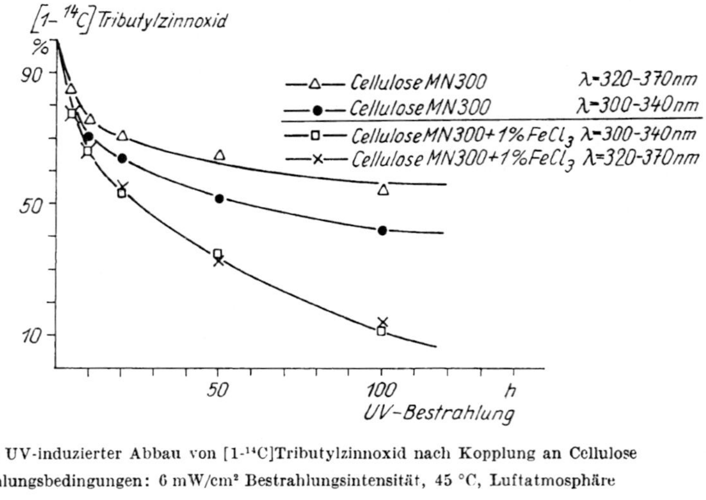

Abb. 1. UV-induzierter Abbau von [1-^{14}C]Tributylzinnoxid nach Kopplung an Cellulose
Bestrahlungsbedingungen: 6 mW/cm² Bestrahlungsintensität, 45 °C, Luftatmosphäre

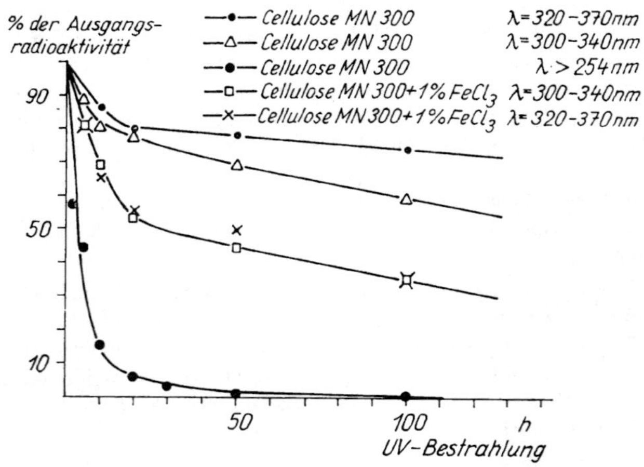

Abb. 2. Radioaktivitätsverlust des Systems [1-^{14}C]Tributylzinnoxid/Cellulose durch UV-Bestrahlung

Bestrahlungsbedingungen: 6 mW/cm² Bestrahlungsintensität, 45 °C, Luftatmosphäre

höhte Sensibilität des untersuchten eisenhaltigen Systems gegen langwelliges UV-Licht wirkt sich allerdings nicht so drastisch aus, daß die im mittleren UV-Bereich ($\lambda > 254$ nm) beobachteten hohen Abbaugeschwindigkeiten erreicht werden (Abb. 2).

Zusammenfassung

Nach den vorliegenden Ergebnissen muß man konstatieren, daß der Eisengehalt der Cellulose für die Lichtstabilität des Systems [1-^{14}C]Tributylzinnoxid/Cellulose unter praktischen (natürlichen) Bedingungen ein wichtiger Parameter ist, da die Eisenionen offensichtlich als Sensibilisator wirken. Sie bewirken eine Verschiebung der Lichtabsorption des Systems nach langwelligeren UV-Bereichen und initiieren somit auch im UV-A-Gebiet die Erzeugung reaktionsfreudiger cellulosischer Spezies, die die Photolyse der Organozinnverbindung beschleunigen.

Eingegangen am 5. 7. 1979

Literatur

[1] *G. J. M. van der Kerk*, Chemiker-Ztg. **99** (1975) 26
[2] *A. Bokranz, H. Plum*, Mitteilung der Fa. Schering AG, 1975: „Techn. Herstellung u. Verwendung von Organozinnverbindungen"
[3] *P. Smith, L. Smith*, Chem. Brit. **11** (1975) 208
[4] *U. Thust, H. Wigert, H.-D. Pfeiffer, H. Schwotzer*, Chem. Techn. **29** (1977) 671
[5] *G. Berger, G. Hoffmann, G. Kerner, D. Klötzer, U. Thust*, Holztechnologie **16** (1975) 135
[6] *D. Klötzer, U. Thust*, Chem. Techn. **28** (1976) 614
[7] *D. Klötzer*, Isotopenpraxis **15** (1979) 16
[8] *D. Klötzer, H. Görner, K.-H. Heise*, Isotopenpraxis **15** (1979) 134
[9] *N.-S. Hon*, J. Polym. Sci., Polym. Chem. Ed. **14** (1976) 2497
[10] *N.-S. Hon*, J. Appl. Polym. Sci. **19** (1975) 2789
[11] *D. Klötzer*, Isotopenpraxis **12** (1976) 128
[12] *G. Mende*, Isotopenpraxis **8** (1972) 71
[13] *N.-S. Hon*, J. Polym. Sci., Polym. Chem. Ed. **13** (1975) 1347

Dependencies of pH and Current Density on the Isotope Effect Occured by the Electromigration of Uranyl Ions in a Cation Exchange Membrane

M. Okamoto, T. Oi, Y. Fujii, H. Kakihana

(Research Laboratory for Nuclear Reactors, Tokyo Institute of Technology, Ookayama, Meguro-Ku, Tokyo, 152 Japan)

It has been shown experimentally that in isotope separation by means of electromigration the use of a cation exchange membrane as the migration medium can lead to improved separation for uranium isotopes. A modified apparatus and improved technique were found to be practicable in operation, giving an appreciable isotope effect under moderate conditions. Some preliminary results are also reported for the pH dependence and the current density dependence of the isotope effects; these are discussed in terms of the hydrolysis of uranyl ions.

(B13) INIS DESCRIPTORS:

cations; current density; electrophoresis; hydrolysis; ion exchange materials; isotope effects; isotope ratio; isotope separation; membranes; pH value; uranium 235; uranium 238; uranyl nitrates

Introduction

A cation exchange membrane has been used as a medium of the electromigration for the separation of isotopes. In the cases of Li^+ [1], K^+ [1], and Cu^{2+} [2] ions, the isotope fractionations have been estimated, and even for the uranyl ion a small but appreciable isotope effect has been found in the preliminary experiments [3, 4].

As described in the previous paper [4], the isotope effect of uranyl ion seemes to be influenced intensively by the kind of species migrated in the membrane and by the migration velocity of the species. For the former, *p*H of the uranyl solution will be a main factor related to the hydrolysis of the uranyl ion in the solution and for the latter, the current density may be a main factor. In the present work, the dependency of the isotope effect on *p*H of the feed solution and on the current density was investigated by means of a breakthrough technique using a modified migration apparatus.

Experimentals

1. The migration apparatus used was simple as shown in Fig. 1, and was improved in the following features:

a) The length of the membrane placed in CCl_4 was short and the electrodes were placed closely to each other.

b) A special feeding device for the anode solution was placed along the boundary phase between CCl_4 and the anode solution for breaking the boundary layer.

c) A drawing-out device with a servomechanism was used for constant counter movement of the membrane against the electromigration.

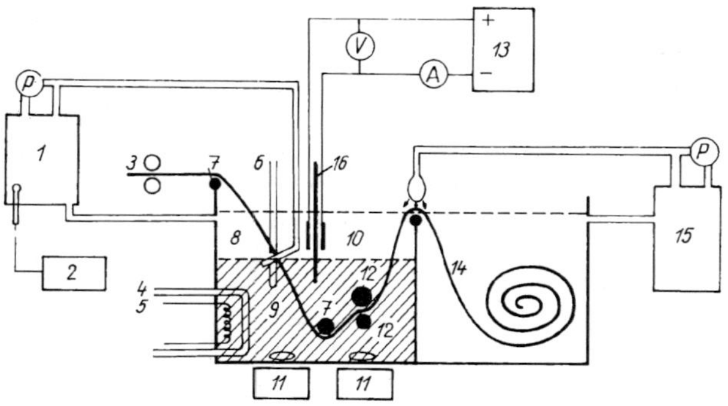

Fig. 1. The migration apparatus

1 — Anode solution vessel; 2 — pH meter; 3 — Drawing-out device; 4 — Coolant; 5 — Heater; 6 — Thermocouple; 7 — Roller; 8 — Anode chamber; 9 — CCl_4; 10 — Cathode chamber; 11 — Magnetic stirrer; 12 — Paper roller; 13 — D. C. supplier; 14 — Ion-exchange membrane; 15 — Cathode solution vessel; 16 — Separation wall; p — pump; V — Volt meter; A — Ammeter

d) A temperature control system was used for taking out *Joul's* heat and for keeping the temperature of CCl_4 at an appropriate temperature (18.3 °C).

2. Cation exchange membrane used was a strongly acidic cation exchange membrane CK-1 supplied from Asahi Chemical Industry. The size of the membrane strip used was 100 cm × 4 cm × 0.23 mm.

3. The anode solution was uranyl nitrate solution prepared by dissolving metallic uranium in nitric acid. The concentration of uranyl ion of the anode solution was adjusted be to 12 mM to avoid the hydrolysis of uranyl ion even in relatively high pH region.

The pH of the anode solution was adjusted to be constant throughout the migration using an anion exchange resin of OH^- form as an insoluble alkaline.

Cathode solution was 2 M nitric acid solution. CCl_4 and the wall (16 in Fig. 1) were used for separation of the anode solution and the cathode solution, consequently electricity passed only through the membrane.

4. Migration: A cation exchange membrane strip conditioned as H^+ form was settled in the apparatus as shown in Fig. 1. By supplying a suitable direct current, the uranyl ion was continuously allowed to enter into the membrane from the anode solution, migrated towards the cathode and a uranyl ion band was formed in the part of the membrane immersed in CCl_4.

When the uranyl band grew to a suitable length ca. 1.5 cm, the drawing-out device was switched for drawing out the membrane from the apparatus at the same speed of the reverse direction as that of the migration of the uranyl band.

The constant current density, the constant pH of the anode solution and the constant reverse drawing out allowed us to accomplish a steady and smooth electromigration even for uranyl ion in relatively high pH region.

5. Analysis: After the migration of a suitable ca. 50 cm, the membrane was removed from the apparatus and the uranyl band was cut into several fractions. For each fraction, the uranium content and the isotopic aboundance ratio were determined by colourimetry [5] and by mass spectrometry [6] respectively.

Results and discussion

One of the analytical results is shown in Fig. 2 as an example and it shows an appreciable effect which means that the lighter isotope migrates faster than the havier one as has been described in the previous papers.

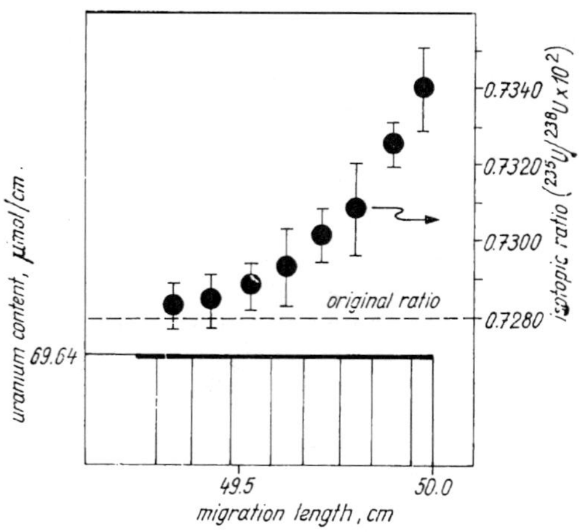

Fig. 2. Isotopic ratios and uranium contents in a migrated band for Run no. 1

The uniform distribution of uranyl ions in the band and smooth change of the isotopic ratios show that the migration was carried out uniformly and the accumulation of the difference in mobilities of the two isotopic species was realized to a certainty.

Only a few study [7, 8] have been reported for the uranium isotope effect for electromigration except ours. In these studies, they carried out the adroit but very complicated electromigrations and needed very long time to get the detectable isotope fractionations.

On the other hand, our system is simple and efficient as may be recognized easily from the fact that the isotope fractionation shown in Fig. 2 was attained by only 50 cm long migration which took only 42 hours.

Tab. 1. Experimental conditions and the analytical data for pH dependence

Run No.	pH	Current Density mA/cm²	Migration Length cm	Migration Velocity cm/h	Electric Field V/cm	Mobility × 10⁶ cm/v s	Current Efficiency %	Isotope Effect $\varepsilon \times 10^5$
1	1·4$_9$	312·5	50·0	1·19	66	5·02	14·8	4·0$_2$
2	1·9$_9$	312·5	49·7	1·82	70	7·26	24·4	3·6^6
3-2	2·4$_6$	312·5	50·0	3·22	104	8·61	44·1	6·2$_5$
4	3·0$_0$	312·5	49·6	4·53	140	9·00	67·7	4·6$_0$
5-2	3·4$_6$	312·5	49·6	5·30	145	10·10	79·5	2·7$_7$
6	4·4$_6$	312·5	50·1	6 04	393	4·27	120·8	0·8$_1$

Tab. 2. Experimental conditions and the analytical data for current density dependence

Run No.	*p*H	Current Density mA/cm²	Migration Length cm	Migration Velocity cm/h	Electric Field V/cm	Mobility ×10/ cm/v s	Current Efficiency %	Isotope Effect $\varepsilon \times 10^5$
3-1	$2{\cdot}4_5$	156·3	49·9	1·72	70	6·81	47·0	$5{\cdot}6_7$
3-2	$2{\cdot}4_5$	312·5	50·0	3·22	104	8·61	44·1	$6{\cdot}2_5$
3-3	$2{\cdot}4_6$	468·8	49·7	5·05	135	10·35	46·1	$5{\cdot}2_4$
3-4	$2{\cdot}4_5$	625·0	50·0	6·38	159	11·17	43·7	$5{\cdot}7_2$
5-1	$3{\cdot}4_5$	156·3	49·9	2·63	114	6·40	79·0	$2{\cdot}6_2$
5-2	$3{\cdot}4_6$	312·5	49·6	5·30	146	10·10	79·5	$2{\cdot}8_5$
5-3	$3{\cdot}4_7$	468·8	50·0	7·43	194	10·63	74·3	$2{\cdot}8_8$

In Tab. 1, the experimental conditions and the analytical data are listed for discussion of *p*H dependence of isotope effect. The isotope effect is evaluated with ε defined as the relative difference of the migration velocity of $^{235}UO^{2+}$ and $^{238}UO^{2+}$, and calculated with the following equation using the analytical data, [9]

$$\varepsilon = \frac{1}{Q} \cdot \frac{\Sigma f_i (R_i - R_0)}{R_0 (1 - R_0)}$$

Where Q ist the total amount of uranium absorbed in the membrane throughout the migration, R_0 is the original isotopic mole fraction of ^{235}U, R_i is the isotopic mole fraction of ^{235}U in the ith fraction of the band and U_i is the amount of uranium in the ith fraction of the band.

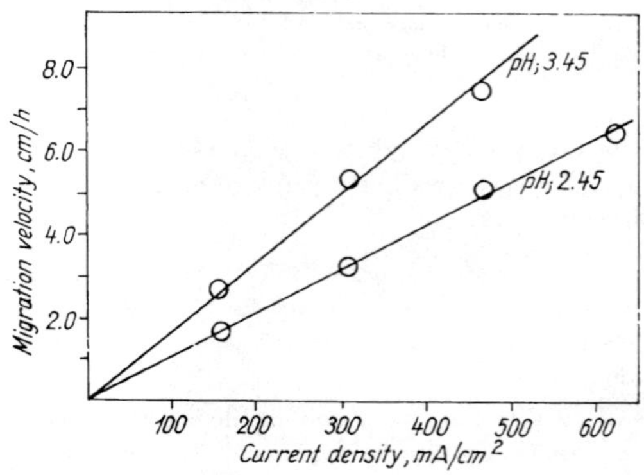

Fig. 5. Current density dependence of migration velocity

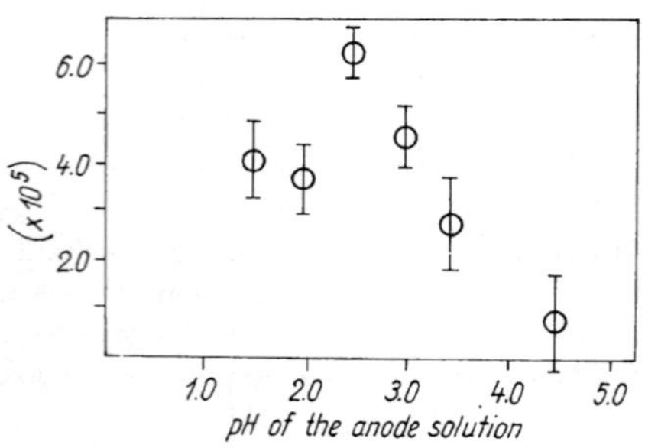

Fig. 3. *p*H dependence of ε at current density 312·5 mA/cm²

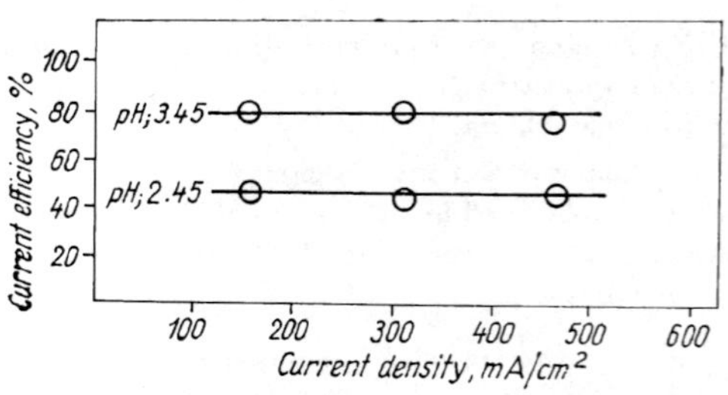

Fig. 6. Current density dependence of current efficiency

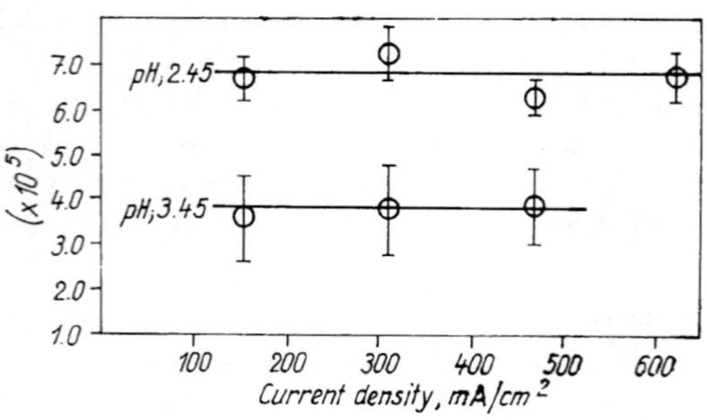

Fig. 4. Current density dependence of ε

The calculated values of ε are plotted vs. *p*H of the anode solution in Fig. 3 and it shows clearly that ε depends strongly on *p*H and there may be a maximum point around $pH = 2.5$. In Tab. 2, the experimental conditions and the analytical data are listed for the discussion of the current density effect on the isotope effect. The calculated values of ε are plotted vs. the current density in Fig. 4, contrary to the case of *p*H dependence, there is no appreciable dependency of ε on the current density. In Fig. 5, migration velocity of the uranium band is plotted vs the current density. The relation between the current density and the velocity is normal as to the *Ohm's* law, and the deviation of the two curves is due to the difference of the *p*H of the solution. Meanwhile, Fig. 6 shows that the current efficiency is almost independent on the current density and is dependent on *p*H of the anode solution.

The *p*H dependency of absorbed amount of uranium in the membrane are shown in Fig. 7 as the ratio of amount of uranium found in the membrane to the exchange capacity determined in the case of typical divalent cations. According to the hydrolysis studies, [10, 11] the species of uranyl ion in the anode solution under the conditions of the present work are estimated as $(UO_2)(OH)_2^{2+}$, $(UO_2)_3(OH)_4^{2+}$ and $(UO_2)_3(OH)_5^{+}$. Even in low *p*H region, the ratio is larger than unity, therefore, it is clear that the polynuclear hydrolyzed complexes formed in the membrane and the very steep increase of current efficiency and the ratio at high *p*H region show an occurence of some drastic change of the chemical composition in the membrane.

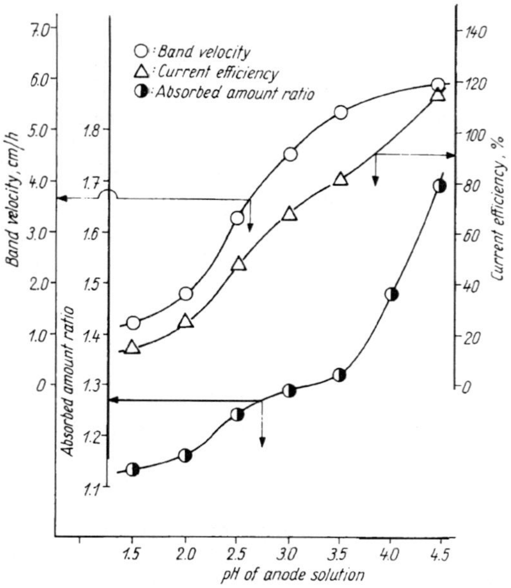

Fig. 7. pH dependencies of band velocity, current efficiency and absorbed amount ratio

As shown in Fig. 7, the dependency of the current efficiency, band velocity and absorbed amount ratio on pH of the anode solution are corresponding very well each other, and they should seems to come from the formation of polynuclear hydrolyzed complexes of uranyl ion caused by high concentration of uranyl ion and very low concentration of H^+ ion in the membrane. As described in the previous paper [4], the formation of the polynuclear hydrolyzed complexes in the migration band makes the relative mass difference between the ionic species of ^{235}U and ^{238}U to be smaller and the *Joul's* heat to be greater intensively, thus leading ε to be smaller as increase of pH of the anode solution. On the other hand, in low pH region (Run 1 and 2), ε is also smaller than that of Run 3 – 2. The small ε may be due to the very low velocity of the uranyl band which is not enough to avoid the mixing effect caused by thermal agitation movement of the species.

Conclusion

Using a improved migration apparatus and a homogeneous cation exchange membrane, electromigration of uranyl species has been acomplished smoothly, resulting appreciable isotope separations. The isotope effect (ε) was found to be dependent strongly on pH of the anode solution but not dependent on the current density. The dependency of ε on pH of the anode solution was discussed in terms of the formation of hydrolyzed polynuclear complexes of uranyl ions.

Received August 3, 1979

References

[1] *H. Kakihana* et al., Isotopenpraxis **4** (1968) No. 6
M. Okamoto et al., ibid., **6** (1970) N. 2

[2] *H. Kakihana* et al., Nippon Kagaku Zasshi **89** (1968) No. 3

[3] *H. Kakihana* et al., J. Nucl. Sci. Technology **8** (1971) No. 4

[4] *Y. Fujii* et al., Isotopenpraxis **16** (1979) No. 7

[5] *E. B. Sandel*, "Colorimetric Determination of Traces of Metals" Interscience Publisheres, N.Y. (1959)

[6] *M. Okamoto* et al., Mass Spectroscopy **20** (1972) No. 1

[7] *L. P. Twichel* et al., AEC Research and Development Report Y-488(1949)

[8] *S. Suzuki*, Proc. of the 3rd International Conference on Peaceful Use of Atomic Energy, Geneva (1964)

[9] *H. Kakihana* et al., Bull. of Tokyo Institute of Technology **90** (1969)

[10] *H. S. Dunsmore* et al., Acta Chem. Scand., **17** (1963)

[11] *M. Maeda* et al., Bull. of Chem. Soc. of Japan, **43** (1973) No. 4

Isotopieeffekte in Atomübertragungsreaktionen in der Gasphase. I.

H. Johansen, F. Pörner

(Zentralinstitut für Isotopen- und Strahlenforschung der Akademie der Wissenschaften der DDR)[1]

Im Bereich niedriger kinetischer Energien wurden mit der quantenmechanischen statistischen Phasenraumtheorie unter Berücksichtigung der Rotationsfreiheitsgrade der Reagentien und der Produkte die Wirkungsquerschnitte und Isotopieeffekte der Atom(Ion)-zweiatomiges Molekül-Reaktionen Ba + O_2, K + BrH, C^+ + H_2 berechnet.

(B12) INIS DESCRIPTORS:

atom-molecul collisions; barium; barium 136; barium 138; barium oxides; chemical reaction kinetics; cross sections; isotope effects; oscillation modes; oxygen 16; oxygen 18; phase space; quantum mechanics; rotational states; statistical models

1. Einleitung

Atomübertragungsreaktionen in der Gasphase in Systemen mit wenigen Freiheitsgraden, die über langlebige Stoßkomplexe verlaufen, führen zu einer nichtthermischen Verteilung der inneren Zustände der Reaktionsprodukte. In dieser Arbeit werden die Besetzungsverteilungen der Schwingungs- und Rotationszustände der Reaktionsprodukte dreier Reaktionen und die dabei auftretenden Isotopieeffekte berechnet ($Ba + O_2 \rightarrow BaO + O$ [verschwindende Aktivierungsenergie; ^{136}Ba, ^{138}Ba, ^{16}O, ^{18}O], $C^+ + H_2 \rightarrow CH^+ + H$ [endotherm; ^{12}C, ^{14}C, H, D], $K + BrH \rightarrow KBr + H$ [exotherm; ^{79}Br, ^{81}Br, H, D]).

Die Reaktionsquerschnitte für die Erzeugung von Produktmolekülen in bestimmten inneren Zuständen zeigen zum Teil – begünstigt durch die nichtthermische Verteilung der inneren Zustände – beträchtliche Isotopieeffekte. Die Wirkungsquerschnitte werden im Rahmen der quantenmechanischen statistischen Phasenraumtheorie von *Light*, *Pechukas* und *Nikitin* berechnet [9, 10]. Im Rahmen dieser statistischen Theorie werden für die Berechnung reaktiver Wirkungsquerschnitte die vollständige Kenntnis der intermolekularen Potentialfunktion und detaillierte Informationen über die Dynamik der Wechselwirkung

[1]) Anschrift: 705 Leipzig, Permoserstr. 15

nicht benötigt. Die dafür notwendigen aufwendigen quantenmechanischen Berechnungen werden vermieden. Die berechneten Wirkungsquerschnitte stehen mit experimentell bestimmten in guter Übereinstimmung.

2. Der reaktive Wirkungsquerschnitt im Rahmen der quantenmechanischen statistischen Phasenraumtheorie

Die Theorie geht von der Annahme aus, daß die Wahrscheinlichkeit für die Bildung eines bestimmten Produktmoleküls als Folge eines Stoßes mit starker Kopplung dem Verhältnis des für dieses Molekül zur Verfügung stehenden Phasenraumvolumens zu dem insgesamt für das betrachtete System unter Erhaltung der Energie und des Gesamtdrehimpulses zur Verfügung stehenden Phasenraumvolumen proportional ist. Die starke Kopplung (d. h. große Kräfte und geringe Abstände zwischen den Reaktanten) ist notwendig, um zu sichern, daß der von den Reaktanten gebildete Komplex jede „Erinnerung" an seine Entstehung verliert. Damit wird der Zerfall des Komplexes durch den verfügbaren Phasenraum bestimmt. Die Ausarbeitung und Begründung und Anwendungen der Theorie findet man in den Arbeiten [1–8] (klassisch-mechanische Behandlung) und [9, 10] (quantenmechanische Behandlung). Bei der Ermittlung der Wirkungsquerschnitte $\sigma(n_f, m_f, E_f; n_i, m_i, E_i)$ wurde das Vorgehen von *Pechukas, Light* und *Rankin* übernommen [10] (n: Schwingungsquantenzahl; m: Drehimpulsquantenzahl (Molekül); E: Energie der Relativbewegung der Stoßpartner; i: Anfangszustand; f: Endzustand). Während sich in der klassisch-mechanischen Version der Phasenraumtheorie die Berechnung der für die Produkte vorgesehenen Phasenraumvolumina (bei Verwendung der Erhaltungssätze) auf die Integration über die Drehimpulse der Produktmoleküle und deren z-Komponenten reduziert, läuft im Rahmen der quantenmechanischen Version diese Berechnung auf die Abzählung der im Schwingungszustand n_f möglichen Zustände (L_f, m_f) hinaus (L_f: Relativdrehimpulsquantenzahl).

Für die Reaktion A + BC → AB + C ist der Wirkungsquerschnitt $\sigma(n_f, m_f, E_f; n_i, m_i, E_i)$ für die Bildung von Produktmolekülen im Schwingungs-Rotations-Niveau (n_f, m_f) mit einer relativen Translationsenergie E_f aus Reaktanten im anfänglichen Niveau (n_i, m_i) mit einer anfänglichen Translationsenergie $E_i = E_f - Q_{fi}$ (Q_{fi}: Exothermizität) durch

$$\sigma(n_f, m_f, E_f, n_i, m_i; E_i) = \frac{\pi \hbar^2}{2\mu_i E_i (2m_i + 1)} \sum_{L_i=0}^{L_{i\,max}} \times \sum_{|L_i - m_i| \leqq K \leqq (L_i + m_i)} (2K+1) \sum_{L_f} P(n_f, m_f, L_f, E_f; E_T, K, K_z) \quad (1)$$

gegeben (E_T: Gesamtenergie, μ reduzierte Masse) [10].

P ist die Dissoziationswahrscheinlichkeit des Stoßkomplexes für die Dissoziation in eine zulässige Mannigfaltigkeit (n_f, m_f, L_f, E_f).

3. Berechnungen und Diskussion

Im folgenden wird über die Berechnung der Verteilung der inneren Zustände der Reaktionsprodukte dreier Elementarreaktionen unter Einzelstoßbedingungen berichtet. Diese Verteilungen können experimentell aus LASER-induzierten Fluoreszenzanregungsspektren abgelesen werden. Insbesondere werden Unterschiede in diesen Verteilungen für isotope Species berechnet.

3.1. $Ba + O_2$

Die $(Ba + O_2)$-Reaktion ist in einer Anzahl von Experimenten mit gekreuzten Molekularstrahlen untersucht worden (vgl. die in [12] angegebenen Arbeiten). Insbesondere zeigen die Experimente von *Loesch* und *Herschbach*, daß für anfängliche kinetische Energien der Relativbewegung der Reaktionspartner im Bereich von $E_{trans_i} = 2$ bis 17 kcal/Mol die auf den Schwerpunkt bezogene Winkelverteilung der Streuprodukte nahezu eine Vorwärts-Rückwärts-Symmetrie zeigt. Das läßt darauf schließen, daß ein – in bezug auf die Rotationsperiode – langlebiger Stoßkomplex existiert [11].

In Anlehnung an die Arbeit von *Dagdigian* u. a. [12] haben wir angenommen, daß die Reaktion $Ba + O_2$ ohne Aktivierungsbarriere abläuft und der langreichweitige Anteil des Wechselwirkungspotentials durch einen *van der Waals*-Term $V(r) = -C^{(6)}/r^6$ bestimmt wird (sowohl für die Bildung des Stoßkomplexes als auch für dessen Zerfall). Die $C^{(6)}$-Konstante wird aus einem *Slater-Kirkwood*-Dispersionsterm (induzierter Dipol – induzierter Dipol) und einem Induktionsterm (Dipol – induzierter Dipol) zusammengesetzt [12].

Tab. 1. Reaktive Wirkungsquerschnitte $\sigma_{n_i, m_i = 11; n_f}(E_{trans_i})$ [Å²] der Reaktion $Ba + O_2 \rightarrow BaO + O$ und Verhältnisse derselben für isotopensubstituierte Systeme (^{136}Ba, ^{138}Ba, ^{16}O, ^{18}O)

E_{trans_i} eV	n_i	m_i	n_f	$\sigma_{n_i 11; n_f}$ [Å²] 136; 16, 16	$\frac{\sigma_{n_i 11; n_f}}{\sigma_{n_i 11; n_f}}$ $\frac{136;\,16,\,16}{138;\,16,\,16}$	$\frac{136;\,16,\,16}{136;\,18,\,18}$
0,05	0	11	0	19,07	1,004	1,062
			2	15,25	1,002	1,046
			4	11,08	1,002	1,018
			6	6,543	1,000	0,948
			8	1,833	0,996	0,697
			9	0,295	0,977	0,349
	1	11	0	14,70	1,003	1,046
			2	12,58	1,003	1,038
			4	10,24	1,002	1,020
			6	7,673	1,002	1,005
			8	4,871	1,000	0,957
			9	3,388	1,000	0,906
			10	1,863	0,997	0,797
			11	0,594	0,987	0,590

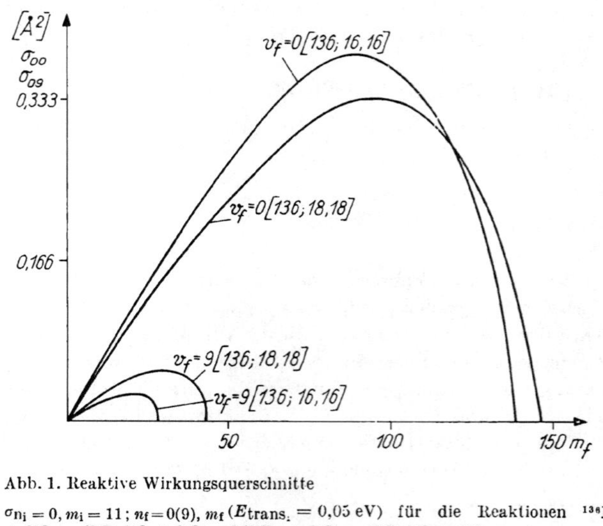

Abb. 1. Reaktive Wirkungsquerschnitte

$\sigma_{n_i} = 0, m_i = 11; n_f = 0(9), m_f$ ($E_{trans_i} = 0,05$ eV) für die Reaktionen $^{136}Ba + {}^{16}O_2 \rightarrow {}^{136}Ba^{16}O + {}^{16}O$ und $^{136}Ba + {}^{18}O_2 \rightarrow {}^{136}Ba^{18}O + {}^{18}O$

Tab. 1 zeigt berechnete reaktive Wirkungsquerschnitte der Reaktion

$$Ba + O_2 \rightarrow BaO + O$$

für einen bestimmten Anfangszustand, der von *Dagdigian* und Mitarbeitern auch experimentell untersucht worden ist, und Verhältnisse von Wirkungsquerschnitten für Paare isotopensubstituierter Moleküle (^{136}Ba, ^{138}Ba, $^{16}O_2$, $^{18}O_2$). Die leichteren Isotope reichern sich in den Produktmolekülen in den unteren Schwingungsenergiezuständen an, während sich die schwereren Isotope besonders deutlich in den Molekülen BaO in hohen Schwingungsenergiezuständen anreichern. Allerdings sind die Wirkungsquerschnitte selbst im letzteren Fall klein im Vergleich zu den zuerst genannten.

Im Rahmen des verwendeten Modells erklären sich die zum Teil beträchtlichen Isotopieeffekte und das Auftreten inverser Isotopieeffekte aus den unterschiedlichen Schwingungsenergieniveaus der isotopensubstitutierten BaO-Moleküle und der daraus resultierenden unterschiedlichen Anzahl möglicher Phasenraumvolumina sowie aus den unterschiedlichen kinetischen Energien E_f. Die Vergrößerung der Anzahl der zu berücksichtigenden Phasenraumvolumina führt zu einer Verkleinerung der Wirkungsquerschnitte, während höhere Energien der Relativbewegung E_f den Zerfall des Stoßkomplexes in Richtung auf die Reaktionsprodukte begünstigen.

Auffallend hohe Isotopieeffekte sind mit geringen Absolutwerten dieser Wirkungsquerschnitte verbunden. Tab. 2 zeigt

Tab. 2. Reaktive Wirkungsquerschnitte $\sigma_{n_i, m_i = 11; n_f, m_f}(E_{trans_i})$ [Å²] der Reaktionen $^{136}Ba + {}^{16}O_2 \rightarrow {}^{136}Ba^{16}O + {}^{16}O$, $^{136}Ba + {}^{18}O_2 \rightarrow {}^{136}B^{18}O + {}^{18}O$ ($m_{f_{max}}$: Anzahl der möglichen Rotationszustände des Moleküls BaO; m_f: Rotationszustand mit dem maximalen Wirkungsquerschnitt)

				136; 16, 16			136; 18, 18		
E_{trans_i}, eV	n_i	m_i	n_f	$\sigma_{011; n_f m_f}$ Å²	$m_{f_{max}}$	m_f	$\sigma_{011; n_f m_f}$ Å²	$m_{f_{max}}$	m_f
0,05	0	11	0	0,2104	138	91	0,1884	146	96
			4	0,1580	104	71	0,1449	111	77
			8	0,0516	52	34	0,0617	63	41
			9	0,0152	28	19	0,0289	45	29

Tab. 3. Reaktive Wirkungsquerschnitte $\sigma_{n_i m_i; n_f}$ (E_{trans_i}) [Å²] für die Reaktion $C^+ + H_2(^1\Sigma_g^+) \rightarrow CH^+(^1\Sigma^+) + H$ und Verhältnisse derselben für isotopensubstituierte Systeme (^{12}C, ^{14}C, H, D)

E_i eV	n_i	m_i	n_f	$\overset{\alpha}{\sigma}_{m_i n_i n_f}$ Å²	$\overset{\alpha}{\sigma}_{n_i m_i n_f} / (\overset{\beta}{\sigma}_{n_i m_i n_f} + \overset{\gamma}{\sigma}_{n_i m_i n_f})$	$\overset{\gamma}{\sigma}_{n_i m_i n_f} / \overset{\beta}{\sigma}_{n_i m_i n_f}$	$\overset{\alpha}{\sigma}_{n_i m_i n_f} / \overset{\delta}{\sigma}_{n_i m_i n_f}$	$\overset{\alpha}{\sigma}_{n_i m_i n_f} / \overset{\varepsilon}{\sigma}_{n_i m_i n_f}$
0,4	0	2	0	1,174	1,418	0,268	5,410	0,960
0,5	0	2	0	2,408	1,292	0,728	1,749	1,002
0,7	0	0	0	2,726	1,125	0,956	1,260	0,997
			1	0,008	0,470	0	0,049	0,800
		1	0	2,780	1,115	0,958	1,249	1,017
			1	0,034	0,167	0	0,184	0,739
		2	0	2,859	1,082	0,986	1,265	1,012
			1	0,116	0,457	0,008	0,477	0,935
		5	0	3,538	1,135	1,075	1,368	1,006
			1	0,783	1,100	0,393	1,386	0,976
			2	0	0	0		
	1	0	0	4,042	1,112	1,187	1,285	1,016
			1	1,577	1,055	0,749	1,154	0,991
			2	0,360	0,885	0,208	0,968	0,978
			3	0	0	0		
		1	0	4,022	1,104	1,197	1,275	1,022
			1	1,620	1,060	0,768	1,181	1,004
			2	0,381	0,890	0,233	0,977	0,979
			3	0	0	0		
		2	0	3,980	1,079	1,208	1,261	0,991
			1	1,682	1,061	0,782	1,180	0,997
			2	0,450	0,943	0,265	1,061	0,993
			3	0	0	0		

$^{12}C^+ + H_2 \rightarrow {}^{12}CH^+ + H$ (α)
$^{12}C^+ + HD \nearrow {}^{12}CD^+ + H$ (β)
$^{12}C^+ + HD \searrow {}^{12}CH^+ + D$ (γ)
$^{12}C^+ + D_2 \rightarrow {}^{12}CD^+ + D$ (δ)
$^{14}C^+ + H_2 \rightarrow {}^{14}CH^+ + H$ (ε)

Tab. 4. Reaktive Wirkungsquerschnitte $\sigma_{n_i = 0, 1, m_i = 0; n_f}(E_{trans_i})$ [Å²] für die Reaktion K + BrH → KBr + H und Verhältnisse derselben für isotopensubstituierte Systeme (H, D, ^{79}Br, ^{81}Br)

n_f	$n_i = 0$					
	$E_i = 0{,}02$ eV			$E_i = 0{,}08$ eV		
	$\sigma_{00;\,n_f}$ Å²	$\sigma_{00;\,n_f}/\sigma_{00;\,n_f}$		$\sigma_{00;\,n_f}$ Å²	$\sigma_{00;\,n_f}/\sigma_{00;\,n_f}$	
	39; 1; 79	39; 1; 79 / 39; 2; 79	39; 1; 79 / 39; 1; 81	39; 1; 79	39; 1; 79 / 39; 2; 79	39; 1; 79 / 39; 1; 81
0	28,45	1,018	1,014	22,39	1,064	0,995
2	22,14	1,014	1,012	12,99	0,980	1,003
4	14,66	1,000	1,005	6,284	0,956	0,996
6	5,450	0,946	0,988	2,935	0,957	0,993
8	0,557	0,869	0,930	1,099	0,946	0,983
10				0,180	0,885	0,938
	$n_i = 1$					
0	10,48	0,836	1,013	6,948	0,826	0,998
4	8,968	0,866	1,011	5,831	0,869	0,997
8	7,308	0,931	1,010	4,604	0,970	0,996
12	5,430	1,138	1,007	3,180	1,357	0,995
14	4,351	1,589	1,002	2,317	1,714	0,992
16	3,116	4,021	0,995	1,473	2,222	0,987
18	1,545		0,971	0,841	3,763	0,979
20	0,338		0,912	0,396		0,968
22				0,114		0,934

eine Aufspaltung der Wirkungsquerschnitte auf bestimmte Rotationszustände der Produktmoleküle, ebenso Abb. 1. Die Abb. 1 läßt erkennen, wie aus der nichtthermischen Verteilung der Rotationszustände der Reaktionsprodukte große Isotopieeffekte resultieren.

3.2. $C + H_2$

Die Reaktion $C^+ + H_2$ ist ein Beispiel für eine endotherme Elementarreaktion ($C^+ + D_2$ ist 0,4 eV endotherm; Moleküle im Grundschwingungszustand [13]). Die Schwingungsenergieniveaus werden unter Berücksichtigung der Anharmonizität berechnet und Kernspin-Entartungsfaktoren für gerade und ungerade Rotationsniveaus werden in die Rechnung eingeschlossen [13]. Als langreichweitiges Wechselwirkungspotential dient das r^{-4}-Polarisationspotential für die Wechselwirkung von Ladung und induziertem Dipol [13]. In Tab. 3 sind reaktive Wirkungsquerschnitte σ ($n_i = 0{,}1$; $m_i = 0, 2, 5$; $E_i = 0{,}2; 0{,}4; 0{,}5; 0{,}7$; $n_f = 0, 1, 2$) aufgeführt worden und Verhältnisse für die Paare ($^{12}C^+ + H_2/^{12}C^+ + DH \rightarrow {}^{12}CD^+ + H$), ($^{12}C^+ + H_2/^{12}C^+ + D_2$) und ($^{12}C^+ + H_2/^{14}C^+ + H_2$).

Die inversen Isotopieeffekte in den Verhältnissen (γ/β) für $n_f = 0$ liegen in der gegenüber den Produktionen $^+$CH geringeren Schwingungsenergie der $^+$CD-Ionen begründet, wobei letztere eine höhere Energie der Relativbewegung ($^+$CD – H) zur Verfügung bereit läßt als es die Schwingungsenergie von $^+$CH vermag.

Mit Hilfe dieser höheren Translationsenergie wird die Zentrifugalbarriere im Stoßkomplex in Richtung auf die Produktkanäle von CD^+ ... H leichter überwunden. Im Fall der Verhältnisse (12; 1, 1/12; 2, 2) für $n_f = 0$ hebt die im Vergleich zu $^+C + H_2$ geringere Gesamtenergie des Systems $^+C + D_2$ diesen Effekt wieder auf. Es zeigt sich, daß verhältnismäßig große Isotopieeffekte zu geringen Absolutwerten der Wirkungsquerschnitte gehören, aber auch, daß geringfügige Änderungen der anfänglichen Rotationszustände m_f merkliche Verschiebungen der Isotopieeffekte zur Folge haben. Die Spezialisierung auf bestimmte Anfangs- und Produktkanäle führt auch zu merklichen Kohlenstoffisotopieeffekten.

3.3. $K + HBr$

Die Schwingungsenergieniveaus von KBr weisen einen sehr kleinen Abstand voneinander auf (0.0264 eV), und die Reaktion ist um 0.206 eV exotherm, wenn sich beide Moleküle (HBr, KBr) im Grundschwingungszustand befinden. Daher ist der reaktive Streuquerschnitt groß im Vergleich zum Querschnitt für die Reflexion (vgl. [10]). Tab. 4 enthält reaktive Wirkungsquerschnitte für die Ausgangssituationen ($n_i = 0{,}1$; $m_i = 0$, $E_i = 0.02, 0.08$ eV). Das Wechselwirkungspotential ist wie im Fall der Reaktion 3.1. ein r^{-6}-Potential [10]. Die Verhältnisse (39; 1; 79/39; 1; 81) zeigen das erwartete Verhalten ähnlich wie in Tab. 1 die Verhältnisse (136; 16; 16/138; 16; 16), wobei jedoch im Unterschied zur Reaktion 3.1. (Ba + O_2) das übertragene Atom Br isotopensubstituiert wird. In den Verhältnissen (39; 1; 79/39; 2; 79) zeigt sich eine deutliche Abhängigkeit vom Anfangsschwingungszustand der HBr-Moleküle, n_i. Mit steigender Gesamtenergie $E_T(n_i = 0 \rightarrow n_i = 1)$ setzt sich die größere Gesamtenergie E_T des Stoßkomplexes [K ... BrH] (E_T [K ... BrH] > E_T [K ... BrD]) durch.

Wenn auch die berechneten reaktiven Wirkungsquerschnitte mit Fehlern behaftet sind, so ist doch anzunehmen, daß in dem Gang der Verhältnisse der Wirkungsquerschnitte für isotopensubstituierte Systeme zuverlässige Trendaussagen zum Ausdruck kommen. Diese können für die Aufklärung von Reaktionsmechanismen von Bedeutung sein.

Eingegangen am 24. 7. 1979

Literatur

[1] *J. C. Light*, J. Chem. Phys. **40** (1964) 3221
[2] *J. C. Light, J. Lin*, J. Chem. Phys. **43** (1965) 3209
[3] *E. E. Nikitin*, Teor. i Eksp. Khim. Akad. Nauk Ukr. SSR **1** (1965) 428
[4] *F. A. Wolf*, J. Chem. Phys. **44** (1966) 1619
[5] *D. C. Fullerton, T. F. Moran*, J. Chem. Phys. **54** (1971) 5221
[6] *D. G. Truhlar*, J. Chem. Phys. **56** (1972) 1481
[7] *J. C. Light*, Discussions Faraday Soc. **44** (1968) 14
[8] *H. Johansen, H.-W. Schmidt*, Isotopenpraxis **12** (1976) 227
[9] *P. Pechukas, J. C. Light*, J. Chem. Phys. **42** (1965) 3281
[10] *P. Pechukas, J. C. Light, C. Rankin*, J. Chem. Phys. **44** (1966) 794
[11] *H. J. Loesch, D. R. Herschbach*, Faraday Disc. Chem. Soc. **55** (1973) 385
[12] *P. J. Dagdigian, H. W. Cruse, A. Schultz, R. N. Zare*, J. Chem. Phys. **51** (1974) 4450
[13] *D. G. Truhlar*, J. Chem. Phys. **51** (1969) 4617

Kurze Originalmitteilungen

Reinigung von Generator-^{99m}Tc durch Lösungsmittelextraktion

K.-P. Dostal, H. Kupsch

(Zentralinstitut für Isotopen- und Strahlenforschung der Akademie der Wissenschaften der DDR, Leipzig)[1])

(B13) INIS DESCRIPTORS:

extraction chromatography; extraction columns; impurities; molybdenum 99; purification; radioisotope generators; solvent extraction; technetium 99

Handelsübliche ^{99m}Tc-Generatoren enthalten als Mutternuklid ^{99}Mo, das als Spaltnuklid in Kernreaktoren anfällt. Obwohl dieses Molybdän gereinigt ist, sind gewöhnlich Spuren auch anderer Spaltnuklide vorhanden, die beim Melken des Generators mit eluiert werden. (Wir fanden ^{95}Nb, ^{99}Mo, ^{103}Ru, ^{131}J, ^{132}Te, ^{141}Ce). Für spezielle Untersuchungen, wie etwa für das Studium von Halbwertszeitvariationen des ^{99m}Tc in Abhängigkeit von der chemischen Umgebung, sind höhere Reinheiten erforderlich. Das nachstehend beschriebene Reinigungsverfahren lehnt sich teilweise an eine von *Trautmann* et al. [1] veröffentlichte Extraktionstechnik an.

Ein der geforderten ^{99m}Tc-Aktivität entsprechender Teil des Generatoreluats (Elution mit physiologischer NaCl-Lösung) wird mit aqua dest. auf ca. 12 ml aufgefüllt und mit 0,5 ml einer $1{,}24 \cdot 10^{-3}$ molaren Lösung von $NH_4{}^{99m}TcO_4$ in 0,2 N HNO_3 geträgert. Die beiden Tc-Spezies lassen sich leicht extrahieren, wenn man mit 5 ml Cyclohexanon im Scheidetrichter 1 min schüttelt und diese Prozedur wiederholt. Zur organischen Phase werden für die Reextraktion des Technetiums 10 ml *n*-Hexan [2], 6 ml 0,1 N HNO_3 und 15 mg Weinsäure (in 0,15 ml H_2O gelöst) hinzugefügt, wieder wird etwa 1 min geschüttelt. (Die Weinsäure dient zur Komplexbildung des Niobs). Bei dieser Extraktion liegt das Tc in der anorganischen Phase fast ausschließlich als TcO_4^- vor (höchstens 1% TcO_2-Hydrat), jedoch können gewisse radionuklidische Verunreinigungen, z. B. ^{99}Mo und ^{131}J, mit übergehen.

In der Prozedur nach [1] sind der säulenchromatographischen Trennung einige Verfahrensschritte vorangestellt (Reduktion mit SO_2 und Austausch störender Halogene an AgCl-beschichteten Fritten sowie Oxydation der Tc-haltigen Proben zum Pertechnetat-Ion mittels Peroxidisulfat und $AgNO_3$), welche sich für das vorliegende Problem der Reinigung von Generatoreluat als entbehrlich erwiesen. Während in [1] (zur Identifizierung kurzlebiger Tc-Isotope) für die eigentliche chromatographische Reinigung eine mit TPA präparierte Fritte benutzt werden mußte, ließ sich in unserem Fall der Trenneffekt durch Verwendung einer Säule (Durchmesser 10 mm) verbessern:

Die salpetersaure Lösung wird auf eine Trennsäule gegeben, die mit 6 g Chromosorb 60/80 gefüllt und mit 40 ml einer Lösung von TPA (0,025-molar) und Pyridin (1 Vol-%) in Chloroform vorbehandelt wurde [3]. (Das Pyridin dient zur Verbesserung der Trennung des Tc von Mo [4].) Die Säule wird nach dem Beladen mit einer Mischung aus 20 ml 0,1 N HNO_3 und 2 ml Weinsäurelösung (von gleicher Konzentration wie oben) gewaschen. Nach der anschließenden Elution mit 2 N HNO_3 und dem Aufsammeln des Eluats in Fraktionen zu 1 ml ließen sich beide Tc-Isotope regelmäßig in der 11. bis 16. Fraktion nachweisen, die Verunreinigungen sammelten sich dagegen in den ersten Fraktionen.

Die häufigste radionuklidische Verunreinigung im unbehandelten Eluat ist ^{99}Mo ($\approx 3 \cdot 10^{-4}$, bezogen auf ^{99m}Tc). Nach der Reinigung wurden die übrigen genannten Störnuklide im Eluat überhaupt nicht und auch ^{99}Mo fast nie (Nachweisgrenze $5 \cdot 10^{-6}$, bezogen auf ^{99m}Tc) gefunden. Der Trennfaktor liegt in der Größenordnung von 10^3.

Eingegangen am 1. 8. 1979

Literatur

[1] *N. Trautmann* et al., Radiochim. Acta, **18** (1972) 86
[2] *H. Kupsch, H. Koch*, Isotopenpraxis, in Vorbereitung
[3] *S. Tribalat, J. Beydon*, Anal. Chim. Acta, **8** (1953) 22
[4] *P. Crowther, J. S. Eldridge*, Nucl. Phys., **66** (1965) 472

[1]) Anschrift: 705 Leipzig, Permoserstr. 15

Zur Kenntnis des Fließverhaltens von Gülle

H.-G. Könnecke, J. Leonhardt, R. Otto

(Zentralinstitut für Isotopen- und Strahlenforschung der AdW der DDR)[1])

A. Hennig

(Karl-Marx-Universität, Sektion TV, WB Tierernährungschemie)[2])

(C31; C44) INIS DESCRIPTORS:

feces; flow rate; iodine 131; labelling; liquid flow; mass rearing; silver iodides; swine; tracer techniques; urine

Die mit Hilfe eines Bogensiebes gewonnenen Feststoffe der Schweinegülle besitzen, bezogen auf Trockensubstanz, den Wert von Futterstroh. Sie eignen sich daher als Futter für Mastrinder (*Hennig* und *Poppe* [1]).

Es bestand die Aufgabe, die Zeit zu bestimmen, die die Feststoffanteile der Gülle in einer Mastanlage vom Anfall im Stall durch freien Abfluß bis zur Aufbereitung (Abpressen) benötigen, da der Nährwert durch die mikrobielle Umsetzung eine Funktion der Zeit ist und ggf. die Verweilzeit der Gülle in der Anlage durch Förderpumpen verkürzt werden muß. Im Durchschnitt rechnet man für eine 12000er Schweinemastanlage mit einem Gülleanfall von 100 Tonnen/Tag mit einem Feststoffanteil von 6%.

Um die Fließgeschwindigkeit der Feststoffanteile der Gülle und damit die Verweilzeit im Abflußsystem der Anlage mit 12000 Mastschweinen zu bestimmen, wurde eine Methode zur Selektivmarkierung der Gülle mit radioaktiven Nukliden im *p*H-Bereich von 4–12 entwickelt [2]. Als Komponente eignet sich $Ag^{131}J$, das auf den Feststoffanteilen gefällt und dadurch adsorptiv fest gebunden wird. Um die maximale Verweilzeit der Gülle in der Anlage zu bestimmen, wurde die Markierung in der am weitesten vom Gülleaufbereitungsaggregat entfernten Stalleinheit mit einer Einsatzaktivität von $18{,}5 \times 10^{11}$ Bq (50 mCi) durchgeführt. In konstanten zeitlichen Abständen wurden Gülleproben entnommen und die Impulsraten im Bohrlochkristall bestimmt (Abb. 1). Nach

$$\frac{dM}{dt} = \frac{M}{\tau} \qquad (1)$$

läßt sich die theoretische Verweilzeit τ berechnen (dM/dt = Gülleanfall/Zeiteinheit; M = Gesamtfüllmenge der Anlage). Nach (1) berechnet man für die theoretische Verweilzeit für die gegebenen Parameter der Anlage 16 Tage.

Nahezu den gleichen Wert liefert das Experiment, wie aus Abb. 1 deutlich wird. Der erste Peak in der Aktivitätsverteilung in Abhängigkeit von der Zeit entspricht der Hauptmenge radioaktiven Materials, während der 2. Peak durch in Totvolumina festgehaltene markierte Substanz bewirkt wird.

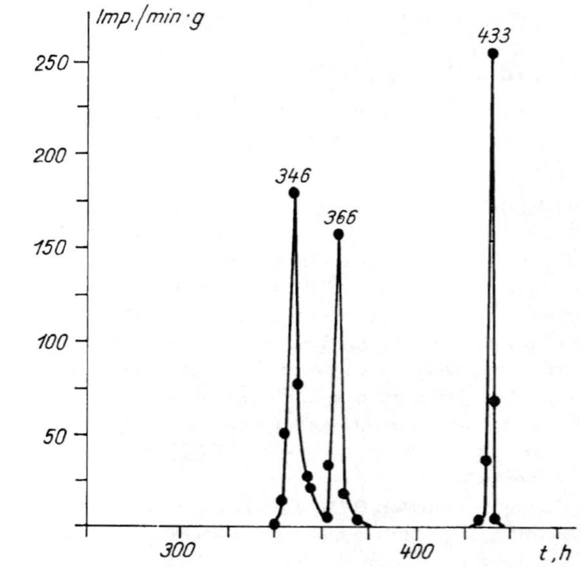

Abb. 1. Impulsraten von Gülleproben in Abhängigkeit von der Fließzeit

Aus den Ergebnissen ergeben sich folgende Schlüsse:

- $Ag^{131}J$ eignet sich zur Selektivmarkierung der Güllefeststoffanteile durch die Methode der adsorptiven Fällung.
- Die Güllefeststoffanteile durchlaufen die Anlage in Pfropfenströmung, d. h., es findet keine Vermischung mit der Gülle aus anderen Ställen im Sammelrohrsystem statt.
- Die mittlere Verweilzeit der Gülle beträgt unter den Bedingungen des freien Abflusses 15 Tage, damit ist die Übereinstimmung des theoretischen mit dem experimentell ermittelten Wert besser als 10%.
- Aus der ermittelten Verweilzeit und dem Strömungscharakter der Gülle können Folgerungen unter tierhygienischen Aspekten gezogen werden.

Eingegangen am 1. 8. 1979

Literatur

[1] *A. Hennig, S. Poppe*, Abprodukte tierischer Herkunft als Futtermittel, VEB Deutscher Landwirtschaftsverlag Berlin 1975

[2] *R. Otto*, Isotopenpraxis (im Druck)

[1]) Anschriften: 7050 Leipzig, Permoserstraße 15; [2]) 69 Jena, Dornburger Straße

Fortschritte bei der Probenchemie des Wasserstoffs für die Präzisionsisotopenanalyse an organischen Verbindungen und mineralisierten Wässern

A. Runge

(Zentralinstitut für Isotopen- und Strahlenforschung der Akademie der Wissenschaften der DDR)[1])

(B11) INIS DESCRIPTORS:

accuracy; brines; chromium; coal; deuterium; diffusion; errors; high temperature; hydrogen; hydrogen deuteride; isotope ratio; natural gas; organic compounds; petroleum; reduction; sample preparation; water

Einleitung

Die Probenchemie organischer Verbindungen wird im allgemeinen durch Verbrennung zu Wasser und die anschließende Reduktion des Wassers zu Wasserstoff durchgeführt. Für hoch mineralisierte Wässer gibt es bisher kein befriedigendes Verfahren, da die quantitative Abtrennung des Kristallwassers aus den Salzen ohne chemische Reaktion Schwierigkeiten bereitet. $MgCl_2 \cdot xH_2O$ z. B. spaltet bei „totaler" Entwässerung HCl ab und bildet MgO.

Von *Rolle* u. a. [1, 2] wurde eine einstufige Ampullenmethode mit Chrom beschrieben. Diese Methode wurde zur direkten Umsetzung organischer Verbindung und mineralisierter Wässer für die Bestimmung der natürlichen Deuteriumvariationen systematisch weiterentwickelt. Es liegen Erfahrungen über die Umarbeitung mineralisierter Wässer, stickstoffhaltiger Erdgase, von Erdölen und von Kohlen vor.

Experimentelles

Für die Umsetzung werden 10-ml-Supremaxampullen mit leicht brechbarer Spitze verwendet. Das Reduktionsmittel ist Chrompulver reinst von der Firma Riedel de Haën. Die Reduktion erfolgt 16 Stunden in einem Muffelofen bei einer Temperatur von 685 ± 15 °C. Gasanalysen zur Bestimmung des Umsetzungsgrades ergaben, daß nach dieser Zeit auch das relativ reaktionsträge Methan quantitativ umgesetzt ist. Das Ausheizen der leeren Ampullen erfolgt bei 685 °C in dem gleichen Muffelofen, in dem später auch die Reaktion durchgeführt wird. Dabei werden eventuell anhaftende organische Verbindungen gecrackt, und die Wasserhaut auf den Ampullen erreicht einen konstanten und reproduzierbaren Wert. Bis zur Verwendung werden die Ampullen in einem Exsikkator über Phosphorpentoxid aufbewahrt. Das Chrom wird gesondert ausgeheizt. Dazu werden in einem einseitig zugeschmolzenen Quarzrohr ca. 250 g Chrom im Vakuum so lange auf 800 °C erwärmt bis das Ausgangsvakuum von $5 \cdot 10^{-3}$ Torr wieder erreicht wird. Für die Reproduzierbarkeit der Methode ist es wichtig, daß sowohl das Chrom als auch die Proben möglichst genau dosiert werden. Das Chrom wird mit einem Volumenmaß, das 2 g faßt, in die Ampullen gebracht und die Proben je nach ihrer Art entweder mit einer Mikroliterspritze dosiert oder eingewogen. Die Probenmenge wird so bemessen, daß 6 ml Wasserstoff entstehen. Zur Reaktion werden die Ampullen in einem V2A-Fächerkasten angeordnet. Dadurch wird erreicht, daß alle Ampullen auf die gleiche Temperatur erwärmt werden. Es zeigte sich nämlich, daß im Heizraum des Muffelofens ein Wärmegradient vorhanden ist. In der Nähe der Tür ist die Temperatur um ca. 50 K niedriger als im hinteren Heizraumteil. Die Temperatur von 685 °C wird im hinteren Heizraumteil gemessen. Von den insgesamt 60 Positionen im Fächerkasten werden 10 von Standardproben eingenommen. Bei Doppelbestimmungen können also noch 25 Proben in einer Serie untergebracht werden. Zur Messung wird der Wasserstoff in leere Glasampullen umgefüllt.

Fehler bei der Wasserstoffprobenchemie können einerseits dadurch auftreten, daß Wasserstoff durch die Gefäßwand diffundiert und andererseits durch die Einwirkung von Fremdwasserstoff. Zur Abschätzung des Einflusses beider Fehlermöglichkeiten wurde Wasserstoff unterschiedlicher isotoper Zusammensetzung den Reaktionsbedingungen von Wasserstoffverbindungen unterworfen, also mit 2 g Chrom in zugeschmolzenen Supramaxampullen 16 Stunden bei 685 °C ausgeheizt, parallel dazu auch ohne Chrom. Die eingesetzten Gase waren Wasserstoff mit 26,3 ppm D und mit 185,8 ppm D. Die dosierten Mengen waren 3,9; 5,3 und 7,9 ml.

Ergebnisse und Diskussion

In Tab. 1 sind die Ergebnisse dargestellt.

Tab. 1. Die Veränderung der isotopen Zusammensetzung von Wasserstoff bei 16stündigem Erwärmen in Supremaxampullen auf 685 °C

Gasmenge ml	Meßwerte δD SMOW, ‰			
	Wasserstoff mit 26,3 ppm D		Wasserstoff mit 185,8 ppm D	
	≙ −831 ‰ mit Cr	ohne Cr	≙ +193 ‰ mit Cr	ohne Cr
3,9	−784 (2)*)	−783 (2)	+156 (3)	+169 (3)
5,3	−799 (2)	−802 (3)	+168 (3)	+174 (2)
7,9	−809 (3)	−803 (3)	+171 (3)	+179 (2)

*) = Zahl der Proben

In dem Wasserstoff mit 26,3 ppm D ist eine deutliche D-Anreicherung zu erkennen, in dem mit 185,8 ppm D dagegen eine Abreicherung. Daraus folgt, daß Fremdwasserstoff, dessen D-Gehalt > 26,3 ppm und < 185,8 ppm ist, für die Veränderung der isotopen Zusammensetzung verantwortlich ist. Eine Diffusion durch das Glas scheidet aus, da die δD-Werte sich dann in beiden Proben in der gleichen Richtung ändern müßten. Wegen des kleineren Ionenradius müßte H_2 etwas besser diffundieren als HD, und bei beiden Gasen müßte es zu einer D-Abreicherung kommen. Nach der Bilanzgleichung errechnet

[1]) Anschrift: 7050 Leipzig, Permoserstraße 15

Tab. 2.

Probe	Chromcharge	Zahl der Messungen	Mittelwert δD_{LLWS} ‰	Maximalwert δD_{LLWS} ‰	Minimalwert δD_{LLWS} ‰	Streuung s ‰
LLWS	I	8	±0	+2,6	−3,0	1,85
LLWS	II	10	−0,1	+4,0	−2,3	2,01
BOW	I	10	+70,8	+73,0	+67,9	1,94
BOW	II	9	+70,0	+73,1	+66,9	2,24

sich eine Fremdwasserstoffmenge von 0,25 ml mit einem D-Gehalt von 128 ppm $\triangleq \delta D_{SMOW} = -178$ ‰ und für zwei Gramm Chrom eine Wasserstoffmenge von 0,05 ml mit 40 ppm D. Zur Bestimmung der Reproduzierbarkeit der Methode wurden zwei Substandardproben mit Chrom unterschiedlicher Herstellungschargen umgesetzt. In Tab. 2 sind die Ergebnisse dargestellt.

Der Gesamtfehler der Methode kann mit ±2 ‰ für eine Doppelbestimmung angegeben werden. Die Methode ist geeignet für hochsaline Wässer, organische Verbindungen, Kohlen, Erdöle und Erdgase mit Methangehalten > 20%.

Für die Ausführung der massenspektrometrischen Messungen danke ich Fräulein *Evelyn Luft*.

Eingegangen am 6. 8. 1979

Literatur

[1] *W. Rolle, H. Hübner*, Fresenius Z. anal. Chemie **232** (1967) 328
[2] *W. Rolle, F. Bigl, G. Haase, A. Runge, H. Hübner*, Isotopenpraxis **5** (1969) 35

Informationen

IAEA. Die Internationale Atomenergie-Agentur (IAEA) hat ihren Jahresbericht für 1978 veröffentlicht. Darin wird u. a. hervorgehoben:

- Das Programm der IAEA für die Endlagerung radioaktiver Rückstände in geologischen Formationen wurde 1978 auf bestimmte Aspekte der unterirdischen Endlagerung ausgedehnt. Obwohl für die gegenwärtig anfallenden radioaktiven Abfälle und Abwässer geeignete Entsorgungsverfahren existieren, sind weitere Arbeiten notwendig, um die technischen Lösungen zu demonstrieren und einheitliche Prinzipien als Grundlage für die Entsorgungspolitik zu entwickeln. Eine Reihe technischer Dokumente über legislative Aspekte, Standortwahl, Kriterien für die Übernahme von Abfällen sowie Planung, Errichtung, Betrieb und Stillegung von Endlagerstätten ist in Arbeit.
- Den Wert nuklearer Verfahren in der Landwirtschaft beweisen verschiedene Vorhaben, die die IAEA in 41 Ländern durchführt, um den Ertrag von Nutzpflanzen zu steigern, mehr und besseres Eiweiß und neue Pflanzensorten zu erzeugen und Nutztierkrankheiten sowie Schadinsekten zu bekämpfen.
- Das Abkommen über regionale Zusammenarbeit in Südostasien (RCA) trat 1978 in sein sechstes Laufjahr ein. Die Arbeiten konzentrierten sich vor allem auf die Verbesserung des Ertrags beim Anbau von Hülsenfrüchten sowie bei der Zucht von Büffeln und die Entwicklung von Konservierungsverfahren für getrockneten Fisch.
- In Mexiko unterstützten die IAEA und die FAO 1978 ein großangelegtes Projekt, bei dem mit Hilfe der Insektensterilisierung die Ausbreitung der Mittelmeerfruchtfliege nach Norden eingedämmt werden soll. Die Fliege hat sich in Guatemala angesiedelt und droht nach Mexico einzuwandern, wo ein Rückgang des landwirtschaftlichen Ertrags im Wert von schätzungsweise 500 Mio $ jährlich zu befürchten ist. Die IAEA lieferte den mexikanischen Behörden 1978 wöchentlich bis zu 30 Millionen sterilisierter Mittelmeerfruchtfliegen zur Bekämpfung dieses Schädlings.
- Die Bestrahlung wird immer mehr als Methode zur Verminderung der Verluste durch Verderb von Lebensmitteln anerkannt. Die Erkenntnis, daß bestrahlte Nahrungsmittel für den menschlichen Genuß geeignet sind, und die beträchtlichen Fortschritte bei der Standardisierung der Bestrahlungsverfahren haben zu einer Intensivierung der Studien über Lebensmittelbestrahlung geführt. Ein Beweis dafür ist, daß in mehreren Ländern — Bangladesh, Belgien, Ekuador, Indonesien, Kolumbien und den Niederlanden — zahlreiche neue Großversuchsanlagen errichtet wurden. Bisher wurden 26 Nahrungsmittel, u. a. Kartoffeln, Weizen, Huhn, Reis, Fisch und Zwiebeln, in 19 Ländern beschränkt oder unbeschränkt zugelassen.
- Die in Zusammenarbeit mit der WHO betriebenen Sekundärlaboratorien für Dosimetriestandardisierung (SSDI) haben mitgeholfen, die Unsicherheiten bei der Bestimmung der in der Medizin verwendeten Strahlendosen zu vermindern. Das Laboratoriennetz ist rasch gewachsen und bestand Ende 1978 aus 40 Mitgliedern und 11 angeschlossenen Mitgliedern. Der gemeinsame Dosimetriedienst der IAEA und WHO, der Eichquellen für die Teletherapie mit ^{60}Co per Post versendet, versorgte 1978 160 Institute. Die Überprüfung des Bestands an nuklearmedizinischen Geräten in den Entwicklungsländern wurde unter besonderer Berücksichtigung der technischen Erfordernisse fortgesetzt.
- Weitere acht Mitgliedsstaaten erklärten sich 1978 zur Beteiligung am internationalen kernwissenschaftlichen Dokumentationssystem (INIS) bereit. Mehr als 70000 Titel kernwissenschaftlicher Fachliteratur wurden bei Mitgliedern des INIS gesammelt, zusammengefaßt und wieder an staatliche Dokumentationszentren verteilt.
- Der Internationale Rat der IAEA für Fusionsforschung hat Vorstudien für ein großangelegtes Projekt — INTOR (der

internationale Tokamak-Reaktor) eingeleitet, dessen Verwirklichung demonstrieren soll, daß eine Elektrizitätsgewinnung durch thermonukleare Fusion möglich ist.

- Der Atomwaffensperrvertrag, der 1970 in Kraft getreten ist und 1980 in Genf überprüft werden soll, hat gegenwärtig 110 Vertragsparteien. Wie in den Vorjahren hat das Sekretariat der IAEA auch 1978 bei der Durchführung ihres Kontrollprogramms keine Diskrepanzen entdeckt, die darauf hindeuten würden, daß eine größere Menge kontrollierten Kernmaterials für die Herstellung von Kernwaffen oder andere militärische Zwecke bzw. für die Erzeugung anderer Kernsprengsätze abgezweigt wurde. Das von der IAEA überwachte Kernmaterial wurde ausschließlich für friedliche Arbeiten verwendet, oder es lagen ausreichende Beweise über seinen Verbleib vor.
- Der Geldwert der 1978 geleisteten technischen Hilfe belief sich auf 13 Mio $. Während des Jahres 1978 verwaltete die IAEA rund 440 Projekte, von der Vermittlung eines Konsulenten für einige Tage bis zu ausgedehnten Unternehmen von mehrjähriger Dauer mit jährlichen Aufwendungen, die sechsstellige Zahlen erreichen.

IAEA/Argentinien. Die Internationale Atomenergie-Agentur (IAEA), die Kernenergie-Agentur der Organisation für Wirtschaftliche Zusammenarbeit und Entwicklung (NEA/OECD) und die Interamerikanische Kernenergiekommission (IANEC) veranstalteten auf Einladung der argentinischen Regierung vom 1.–4. Oktober 1979 in Buenos Aires ein internationales Symposium über Verfahren für die Begutachtung und den Abbau von Uranlagerstätten, zu dem rund 250 Teilnehmer aus 15 Mitgliedsstaaten und Vertreter von fünf internationalen Organisationen anwesend waren.

Es wurden Vorträge u. a. zu folgenden Themen gehalten: Uranbedarf und Uranversorgung der Welt sowie Klassifizierung der Uran- und Energiereserven-; geostatistische Methoden zur Schätzung von Erzvorkommen und Methoden zur Schätzung der Erzreserven in streifig geschichteten Lagerstätten; Abbau und Kontrolle des Urangehalts in Bergwerken in Pakistan, Spanien, Argentinien und in der Sowjetunion; in-situ-Laugungsmethoden in Frankreich und Möglichkeit der Anwendung von Bakterien beim Abbau nach dem Lösungsverfahren; Gewinnung von Uran als Nebenprodukt bei der Herstellung von Phosphorsäure und aus Meerwasser; Erschließung einiger Uranbergwerke in Portugal und der australischen Uranvorkommen von Alligator River; Uranprospektionsprogramme in Argentinien, Kolumbien, Chile und Brasilien; wirtschaftliche Aspekte des Uranbergbaus in Peru; Uranproduktionskapazität der USA; Schätzungen und Gutachten über unentdeckte Uranreserven in der Antarktis, in Finnland, Grönland, Argentinien und in den USA.

ISO/BRD. Zum neuen Vorsitzenden des 1975 gegründeten Unterkomitees SC 5 „Kernbrennstofftechnologie" des Technischen Komitees „Kernenergie" der Internationalen Standardisierungsorganisation (ISO/TC 85) wurde *Dr. H. Kornbichler* (BRD) gewählt.

DDR. Der Leipziger Kommissions- und Großbuchhandel (LKG) hat in Zusammenarbeit mit dem Ministerium für Kultur, Hauptverwaltung Verlage und Buchhandel, und einer Reihe von Verlagen den Literaturkatalog 1979 für Elektrotechnik-Elektronik-Regelungstechnik herausgegeben. Der Katalog enthält alle zum Redaktionsschluß (27. 4. 79) lieferbaren Titel und gibt eine Vorschau auf in Vorbereitung befindliche Titel. Der Vollständigkeit halber wurden auch die Titel aufgenommen, die seit der vorhergehenden Ausgabe des Katalogs (6. 8. 76) erschienen, aber inzwischen vergriffen sind.

Der Katalog ist in folgende Sachgebiete gegliedert: Grundlagen und Theorie; Werkstoffe; Energieerzeugung; Netze, Freileitungen; Installation, Apparate, Geräte, Anlagen, Schutzeinrichtungen; Maschinen und Antriebe; Lichttechnik; elektrochemische Technik, elektrotechnologische Verfahren; Theorie der elektrischen Informationsübertragung; Nachrichtentechnik; elektronische Bauelemente und-geräte; Phonotechnik, Elektroakustik; elektromedizinische Technik; elektrische Meßtechnik; elektrische Steuerungstechnik (BMSR); technische Kybernetik, Datenverarbeitung; Elektrifizierung; Haustechnik; Wörterbücher; Zeitschriften. Ein Verzeichnis der Reihen sowie ein Titel- und Autorenverzeichnis ergänzen den Katalog, der in den Buchhandlungen der DDR kostenlos erhältlich ist.

BRD. Die Physikalisch-Technische Bundesanstalt (PTB) hat mit den Vorbereitungen für eine Tiefbohrung zwischen Gorleben und Gedelitz im Bereich des geplanten nuklearen Entsorgungszentrums begonnen. Die Endteufe der Bohrung soll rund 2000 m betragen. Mit den Tiefbohrungen soll die Eignung des Salzstokkes von Gorleben für die Endlagerung radioaktiver Rückstände untersucht werden. Die genaue Beschaffenheit des Salzstockes soll anschließend durch zwei Schächte und Querstollen erkundet werden. Die Bewilligung für hydrogeologische Bohrungen bis 250 m waren der PTB bereits im April 1979 erteilt worden. Die Flachbohrungen bis 100 m zur Erkundung des Baugrundes für das nukleare Entsorgungszentrum Gorleben waren im März 1979 aufgenommen worden und konnten von der Deutschen Gesellschaft für Wiederaufarbeitung von Kernbrennstoffen (DWK) bereits abgeschlossen werden.

BRD. Im Bericht des BMI über „Umweltradioaktivität und Strahlenbelastung im Jahre 1977" wird festgestellt, daß ca. 85% der zivilisatorischen Strahlenbelastung durch die Röntgendiagnostik verursacht werden, 3% trägt die Anwendung radioaktiver Präparate in der Medizin bei, während der Anteil der Strahlentherapie etwa 1,3% beträgt. Die Strahlenbelastung durch Kernwaffenversuche und Fernsehgeräte liegt bei je 1%. Im Umkreis von 0–20 km um Kernkraftwerke betrug die Strahlenbelastung weniger als 0,001 bis maximal 0,003 mrem/a. Dagegen betrug z. B. die Keimdrüsendosis durch die natürliche Strahlenbelastung im Bereich der BRD im Freien durchschnittlich 43 mrem/a (gemessener Maximalwert 291 mrem/a), in Wohnungen 57 mrem/a (maximal 243 mrem/a, in einzelnen Räumen 400 mrem/a [nach „atw" 10/1979].

Großbritannien. Neue Reports der United Kingdom Atomic Energy Authority (UKAEA):

AERE-R 9186 The determination of boron in reactor grade boron carbide.

AERE-R 9357 A counter for measuring neutron dose quivalent from thermal energies to 10 keV.

AERE-R 9437 Portability considerations in software design.

AERE-R 9417 Glasses and ceramics for immobilisation of radioactive wastes for disposal.

AERE-R 9424 Some effects of fuel form and carbide distribution in the cladding on fuel-clad chemical interaction during irradiation in the Swedish Reactor R 2.

Großbritannien. Auf dem Gelände der britischen Wiederaufarbeitungsanlage in Windscale soll 1980 eine Pilotanlage zur Verglasung hochaktiver flüssiger Rückstände aus der Wiederaufarbeitung abgebrannter Reaktor-Brennelemente in Betrieb genommen werden. Gleichzeitig wird mit Arbeiten zur Errichtung einer Demonstrationsanlage zur Verglasung hochaktiver Rückstände in industriellem Maßstab begonnen. Die Demonstrationsanlage wird nach dem von der British Nuclear Fuels Ltd. (BFNL) entwickelten Harvest-Verfahren arbeiten, zu dem die Vorbereitungen bereits in den 60er Jahren weitgehend abgeschlossen wurden. Im Rahmen des gleichen Programms laufen Arbeiten zum Bau einer Anlage für die Entwicklung und Erprobung von Grundkomponenten (Öfen, Einrichtungen für die Zufuhr der radioaktiven Rückstände u. ä.) für den Verglasungsprozeß. Dabei wird zunächst inaktives Material eingesetzt. Die Kosten dieses Programms werden auf 40—50 Mio $ geschätzt.

Großbritannien. The Radiochemical Centre, Amersham, hat die Exportpreisliste 1979/80 für Strahlenquellen (Industrie und Laboratorien) veröffentlicht, die ab 1. September 1979 Gültigkeit besitzt und die Preisliste 1978 (mit Ergänzungen) ersetzt. Die Preisliste ist nach der alphabetischen Reihenfolge der Code-Nummern der Strahlenquellen unter Bezugnahme auf den Katalog 1977/78 für umschlossene Strahlenquellen (Industrie und Laboratorien) geordnet.

Buchbesprechungen

Texturen und Strukturen der Uranerze von exogenen Lagerstätten (Atlas)

W. I. Dantschew.

Atomizdat, Moskva 1977. 104 S., 15 Abb., 31 Tafeln, 131 Lit. (in Russisch) Rubel 1,10; M 5,50

Die exogenen Lagerstätten sind in den letzten Jahren zu wichtigen Quellen der Urangewinnung geworden.

Im ersten Teil des Buches wird die Geochemie des Urans im exogenen Kreislauf dargelegt. Die Besonderheiten der Anreicherung von Erzen in verschiedenen Arten von Nebengesteinen werden ausführlich beschrieben. Eine genetische Klassifikation wird aufgestellt.

Im zweiten Teil werden die Texturen und Strukturen der Uranerze auf 31 Tafeln abgebildet und mit ausführlichen Beschreibungen erläutert. Die Bilder sind nach Radiographien, Mikroradiographien und Aufnahmen mit der Elektronenstrahl-Mikrosonde hergestellt. Die genetische Deutung der Texturen und Strukturen wird besonders hervorgehoben.

Das Buch ist für Geologen und Mineralogen in Betrieb und Forschung bestimmt und wird in diesen Kreisen als nützliches Hilfsmittel gut aufgenommen werden.

K. H. Köhler

Angewandte Statistik. Statistische Methoden und ihre Anwendungen

L. Sachs, 5. neubearb. u. erw. Aufl.; Berlin—Heidelberg—New York Springer-Verlag: 1978; XXIV, 545 S., 59 Abb., 190 Tab.; geheftet DM 59,80; US $ 29.90

Innerhalb von zehn Jahren hat dieses Buch, das bis zum 3. Erscheinen den Titel „Statistische Auswertungsmethoden" trug, fünf Auflagen erreicht. Bereits dies spricht für seine Nützlichkeit und seine Qualität. Die Kapitel- und Abschnittsüberschriften klingen zwar sehr „speziell-mathematisch", doch das Buch ist nicht für Mathematiker geschrieben, sondern wendet sich an alle, die beruflich mit Statistik konfrontiert sind und daraus ein Maximum an Information gewinnen möchten, denn Statistik offenbart vieles, aber verhüllt auch manches. Die Kapitel Statistische Entscheidungstechnik, Anwendung statistischer Verfahren in Medizin und Technik, Vergleich unabhängiger Stichprobenmessungen, weitere Prüfverfahren, Korrelation und Regression, Auswertung von Mehrfeldertafeln und varianzanalytische Methoden zielen in ihrer vielfach anwendungsbezogenen Darstellung vorwiegend auf medizinisch-biologische Fragestellungen, die aber zufolge der ebenso präzisen wie leicht verständlichen Formulierungen sofort auf analoge Probleme anderer wissenschaftlich-technischer Bereiche übertragbar sind.

Das Buch ist als Lehr- und Nachschlagewerk, Formel- und Tabellensammlung in gleicher Weise geeignet. Dafür ist schon durch die starke Textgliederung, das Verzeichnis der Tafeln sowie das 38 Seiten einnehmende Namens- und Sachwortverzeichnis bestens gesorgt. Dem Lernenden sind den Abschnitten Übungsaufgaben mit Lösungen am Ende des Textteiles nachgestellt.

Da ist kaum Redundanz in diesem Buch: Die Innenseiten des Einbandes, ja selbst das beigegebene Lesezeichen, sind mit Tabellen bzw. nützlichen Anleitungen zum rationellen Umgang mit dem Textteil versehen.

Wenn es überhaupt einen Grund zur Kritik des ausgezeichneten Buches gibt, so sei vielleicht die Frage erlaubt, ob es angesichts der sonst überaus hohen Aussagedichte des Werkes und der heutigen Verbreitung von Taschenrechnern wirklich noch zeitgemäß ist, Logarithmen-, Quadrat-, Quadratwurzel- und Kehrwerttabellen beizubehalten.

Hier könnte doch wohl die sich ansonsten von Auflage zu Auflage mit Recht sehr in Grenzen haltende Überarbeitung in Zukunft einmal ansetzen.

Ob Mediziner, Techniker, Demographen oder Naturwissenschaftler: sie alle sollten sich mit dem Stoff vertraut machen, der hier geboten wird, und er dürfte an anderer Stelle schwerlich besser dargestellt sein.

G. Brunner

Tables of Isotopes

7th Edition. C. M. Lederer, V. S. Shirley (Eds.), New York usw.; John Wiley & Sons Inc. 1978, XX + 1608 S., Ganzgewebeeinband, US-$ 40.00; Paperback, US-$ 26.25

Die jetzt erfolgte Herausgabe der dem neuesten Stand entsprechenden siebenten Auflage der „Tables of Isotopes" wird sicher von einem sehr großen Leserkreis begrüßt werden, handelt es sich hierbei doch um eines der bekanntesten Nachschlagewerke auf dem Gebiet der Kernwissenschaften.

Das Buch gliedert sich im wesentlichen in vier Teile. Auf ein Isotopenverzeichnis in gedrängter Form mit Angabe u. a. von Atomladung, Massenzahl und natürlicher Häufigkeit bzw. Halbwertszeit folgt der Hauptteil, in dem sich für mehr als 2600 Nuklide Angaben zu folgenden Eigenschaften und Größen finden:

Kerspin, Neutroneneinfang- und Spaltquerschnitt, Zerfallsarten und -zweige, Zerfallsenergien, Sicherheit und Art der Nachweismethode, Herstellungsmöglichkeit, Strahlungsenergie und -intensität, Winkel- und Polarisationskorrelation, Halbwertszeiten angeregter Zustände sowie für jedes Nuklid das zugehörige Zerfallsschema.

Der dritte Teil des Buches erschließt die in zweckmäßiger Weise kodierten Literaturstellen, die für alle aufgeführten Daten angegeben sind. Den letzten Teil des Buches füllen sieben Anhänge mit folgendem Inhalt: Werte für die Fundamentalkonstanten, Umrechnungsfaktoren für verschiedene Enrgieeinheiten, Standardquellen für Energie und Intensitätseichung, atomare Bindungsenergien, Energie und Intensität von Röntgenstrahlen, Reichweite und Bremsvermögen für Gammastrahlen und geladene Teilchen in Materie, Nomogramme zur Berechnung spezifischer Aktivitäten, log (fT)-Werte, Werte für das EC/β^+-, L_1/K-, L_2/L_1- und L_3/L_1-Verhältnis beim Elektroneneinfang, Hindrance-Faktoren für Alphazerfall, Lebensdauer von Gammaübergängen, Koeffizienten der inneren Konversion, *Nilsson*-Diagramme, Kernmomente.

Auch die siebente Auflage dieses Buches wird sicherlich für längere Zeit ein Standardwerk bleiben und von vielen Lesern, insbesondere von Physikern und Chemikern, aber auch von Biologen und Medizinern, die sich mit der Anwendung von Isotopen befassen, gern benutzt werden. Die Anschaffung dieses Nachschlagewerkes kann allen einschlägigen wissenschaftlichen Bibliotheken empfohlen werden.

D. Pabst

A Handbook of Radioactivity Measurements Procedures

National Council on Radiation Protection and Measurements, Washington 1978, 506 S., 99 Abb., 23 Tab., 630 Lit., (NCRP Report No. 58). Ppb. $ 11,—

In dem vom nationalen Rat für Strahlenschutz und -meßtechnik der USA herausgegebenen Handbuch der Radioaktivitätsmeßtechnik werden in einzelnen Kapiteln die physikalischen Grundlagen der Radioaktivitätsmeßtechnik, die direkten und die Vergleichsmethoden zur Aktivitätsbestimmung, die Meßprobenherstellung und die Anwendung der beschriebenen Verfahren zur Identifizierung und Messung von Radionukliden in Laboratorien des Umweltschutzes, der Medizin und der Industrie dargestellt sowie Fragen der Statistik und der Gewährleistung von Richtigkeit und Genauigkeit behandelt. In einem ausführlichen Anhang sind Zerfallsdaten ausgewählter Nuklide einschließlich der Übergangswahrscheinlichkeiten und Energien von *Auger*-Elektronen aufgeführt.

Die einzelnen Methoden werden ausführlich beschrieben, dabei sind die Belange der Standardisierung, des Strahlenschutzes, des Umweltschutzes, der Herstellung und der Anwendung von Nuklearpharmaka besonders berücksichtigt. Informative Diagramme und Tabellen erleichtern die Lektüre.

Das Studium dieses Handbuches ist jedem zu empfehlen, der sich mit der Radioaktivitätsmessung beschäftigt.

S. Niese

Handbuch der Medizinischen Radiologie

Band 15: Nuklearmedizin; Teil 2: Diagnostik, Therapie, klinische Forschung

Redigiert von: H. Hundeshagen. Springer-Verlag, Berlin, Heidelberg, New York 1978. 1156 S., 369 Abb., 146 Tab.; geb. DM 780,—; US $ 429.—

Der vorliegende Band enthält den klinischen Teil des Handbuches für Nuklearmedizin. Ausgenommen sind die Verfahren der nuklearmedizinischen onkologischen Diagnostik und der nuklearmedizinischen Herz-Kreislauf-Diagnostik. Das Werk ist überwiegend in deutscher Sprache abgefaßt. Die Beiträge über die in-vivo-Schilddrüsendiagnostik und die Radiojodbehandlung der Hyperthyreose und des Schilddrüsenkarzinoms sind englisch geschrieben.

Das Werk besitzt je ein umfangreiches Sachwortverzeichnis in deutscher und englischer Sprache. Die vorhandenen Abbildungen sind von hoher Qualität. Die einzelnen Kapitel beinhalten jeweils die Entwicklung der betreffenden Methoden, die Radiopharmakologie und die Aussagemöglichkeiten. Methodische Fragen werden nur kurz behandelt.

Das Kapitel I „Hirn" stellt die Möglichkeiten der statischen Hirnszintigraphie, der Sequenzszintigraphie und die Verfahren zur Untersuchung der zerebro-spinalen Flüssigkeitsräume dar. Die Bestimmung der regionalen Hirndurchblutung wird nicht erwähnt.

Der Speicheldrüsenfunktions- und Lokalisationsdiagnostik ist das Kapitel II gewidmet, das die heute geübten Verfahren und Möglichkeiten schildert.

Die in-vivo- und in-vitro-Diagnostik der Schilddrüse sowie die Therapie der Hyperthyreose und des Schilddrüsenkarzinoms sind sehr instruktiv im Kapitel III abgehandelt.

Das Kapitel IV ist den allgemeinen Prinzipien der nuklearmedizinischen in-vitro-Diagnostik gewidmet, die anschaulich dargestellt sind.

Das Kapitel V „Endokrinologie" behandelt die Verfahren zur Szintigraphie der Nebenschilddrüsen und Nebennieren sowie die nuklearmedizinischen Methoden zur Bestimmung der Hormone des Pankreas, der Nebennieren, der Keimdrüsen, der Hypophyse und die des plazentaren Laktogens (HPL).

Die Perfusions- und Inhalationsszintigraphie mit Partikeln und die Verfahren zur Prüfung der Lungenperfusion und -ventilation mit radioaktiven Gasen sowie Veränderungen des Mediastinums werden im Kapitel VI „Lunge" dargestellt.

Das Kapitel VII „Hämatologie" enthält Verfahren zur Untersuchung des erythrozytären, leukozytären und thrombozytären Systems und zum Nachweis der Thrombenbildung.

In dem kurzen Kapitel VIII „Lymphsystem" sind die Möglichkeiten der nuklearmedizinischen Diagnostik auf diesem Gebiet abgehandelt.

Das Kapitel IX „Nephrologie und Urologie" nimmt einen sehr weiten Raum ein. Die heute bekannten Verfahren sind umfassend und ausführlich abgehandelt, einschließlich der Bestimmung des Plasmarenins und des Angiotensin I.

Die szintigraphischen Untersuchungen von Knochen und Gelenken bilden das Kapitel X.

Das Kapitel XI „Gastroenterologie umfaßt" die nuklearmedizinischen Untersuchungsverfahren des Magens, der Leber und Gallenwege, des Pankreas und der Milz.

Das Kapitel XII „Nuklearmedizin in Geburtshilfe und Frauenheilkunde" stellt die heute allgemein praktizierten Verfahren auf diesem Gebiet dar.

Trotz der Vielzahl der Autoren kommt es praktisch nicht zu Überschneidungen. Die einzelnen Verfahren sind im allgemeinen der Bedeutung entsprechend repräsentiert. Man vermißt allerdings die Methoden zur Bestimmung der regionalen Hirndurchblutung. Die Literaturzitate sind bei allen Kapiteln repräsentativ. Sie reichen zum Teil bis zum Jahre 1977 und sind für ein Handbuch außerordentlich aktuell. Die Entwicklung verläuft jedoch so stürmisch, daß heute z. B. das Kapitel X „Knochen und Gelenke" schon wieder relativ alt erscheint. Das Kapitel XII „Geburtshilfe und Frauenheilkunde" hätte etwas umfangreicher und informativer gestaltet werden können.

Der Gesamteindruck des Werkes ist sehr gut. Es ist ein Nachschlagewerk und sollte in keiner Bibliothek größerer radiologischer Einrichtungen fehlen. Vor allem ist es für den Nuklearmediziner interessant, aber auch für alle radiologisch tätigen Ärzte und für die in der Nuklearmedizin tätigen Naturwissenschaftler.

Krüger

Zur Durchführung der Belehrung nach Paragraph 41 Röntgenverordnung

Anregungen zur Dosisreduktion in der Radiologie

K. Ewen, B. J. O. Fiebach, R. Weber; Georg Thieme Verlag Stuttgart 1979; 68 S., 16 Abb., 18 Tab.; kart. DM 19,80

Die Röntgenverordnung der BRD stellt Anforderungen an spezielle Kenntnisse der in Röntgenbetrieben beschäftigten Personen, die in der Regel durch vorgeschriebene halbjährliche Belehrungen zu vermitteln sind. Einem zweifellos großen Bedarf entsprechend haben die sowohl die radiologische Praxis als auch die behördliche Seite repräsentierenden Autoren sich das Ziel gestellt, den Strahlenschutzverantwortlichen Anleitung und Hinweise für eine effektive Gestaltung dieser Belehrungen zu vermitteln.

Der vorangestellte allgemeine Teil befaßt sich unmittelbar kommentierend mit einzelnen Paragraphen der Röntgenverordnung und interpretiert z. T. anhand ausgewählter Beispiele die Konsequenzen der Bestimmungen unter dem Blickwinkel der medizinischen Anwendung der Röntgenstrahlung. Ein spezieller Teil enthält unter Berücksichtigung aller üblichen Röntgenuntersuchungstechniken bis hin zur Computer-Ganzkörpertomographie zahlreiche Angaben und konkrete Hinweise zur Einschätzung und Reduzierung der Strahlenbelastung der Patienten und der Beschäftigten. Auch auf die Therapie mit konventionellen Röntgeneinrichtungen wird kurz eingegangen. Für die Praxis relevante Umrechnungsbeziehungen zwischen alten und neuen Einheiten sowie zwischen der Expositionsdosis und der Äquivalentdosis sind im Anhang zusammengestellt, ebenso wie eine Übersicht der behördlichen Zuständigkeiten für den Strahlenschutz in der BRD.

Inhalt und Anlage des Buches sind zweifellos geeignet, dem Ziel einer angemessenen, Sachkenntnisse vermittelnden und praxisnahen Belehrung zu dienen.

Steuer

Die Korrosion der Metalle

Physikalisch-chemische Prinzipien und aktuelle Probleme

2. Auflage, Springer-Verlag Berlin, Heidelberg, New York 1979; 388 S., 262 Abb., 21 Tab.; DM 148,–; US $ 81,40

Es gibt Erhebungen, wonach etwa die Hälfte der in den Industrieländern jährlich auftretenden Korrosionsschäden vermeidbar wären, wenn der aktuelle Erkenntnisstand in ausreichendem Maße berücksichtigt und für konkrete Gegebenheiten angewandt würde. All denen, die in einem speziellen Fall um den effektivsten Korrosionsschutz bemüht sind oder sich mit der wissenschaftlichen Aufklärung bestimmter Korrosionserscheinungen an Metallen in wäßrigen Medien und der Ermittlung geeigneter Schutzverfahren beschäftigen, kann das vorliegende Buch nachdrücklichst empfohlen werden. Es stellt die auf der chemischen Thermodynamik und der Elektrodenkinetik basierenden theoretischen Grundlagen der elektrolytischen Metallauflösung und ihrer Inhibierung, der Passivierung von Metallen sowie spezieller Korrosionserscheinungen, wie dem Lochfraß, der interkristallinen Korrosion, der Spannungsrißkorrosion und der Korrosionsermüdung dar. Die dazu in der Literatur vorhandenen umfangreichen experimentellen Ergebnisse wurden durch den Autor nicht schlechthin aneinandergereiht, sondern mit einem hohen Verallgemeinerungsgrad aufbereitet. Dabei fanden auch die mit Hilfe der Radiotracertechnik erhaltenen Erkenntnisse zum Adsorptionsverhalten von Inhibitoren und zum Wassergehalt oxidischer Passivschichten Berücksichtigung.

G. Reinhard

Große Forscher und Erfinder

Leben und Werk

Schätze im Deutschen Museum

Herausgeber: Deutsches Museum München. Zweite erweiterte Auflage. VDI-Verlag GmbH, Düsseldorf 1978. VI, 162 S., 77 Porträts, 89 Abb., Format 20 × 27,2 cm; Leinen, DM 29,80

Es werden 77 bedeutende Forscher und Erfinder, geschichtlich begonnen bei *Albertus Magnus* über *Georgius Agricola, James Watt, Wilhelm Conrad Röntgen, Otto Hahn* bis hin zu *Werner von Braun*, vorgestellt. Mit sehr wenigen Worten wird deren Leben und bekanntestes wissenschaftliches Werk umrissen. Text und Porträt werden jeweils durch gedruckte und geschriebene Dokumente von hohem geschichtlichem Wert sowie Abbildungen historisch bedeutsamer Versuchsapparaturen, Geräte und Maschinen ergänzt.

Die getroffene Auswahl der dargestellten Persönlichkeiten bedeutet keine Wertung. Für die Aufnahme war laut Herausgeber das Vorhandensein eines guten Bildes oder eines historischen Gegenstandes in den Sammlungen des Deutschen Museums München ausschlaggebend.

Das auch in der Aufmachung sehr ansprechende Buch dürfte jedem an der Technikgeschichte Interessierten Freude bereiten. Es sollte in Bibliotheken technischer Hochschulen und Ingenieurschulen greifbar sein.

J. Holzhey

H. Johansen, F. Poerner

Isotope Effects in Atom Transfer Reactions in the Gaseous Phase. I.

Isotopenpraxis **16** (1980) No. 2, p. 61 to 65
1 Fig., 4 Tab., 13 Ref.

Cross sections and isotope effects have been calculated for atom (ion)-diatomic molecule reactions $Ba + O_2$, $K + BrH$, $C^+ + H_2$ in the region of low kinetic energies in the framework of quantum statistical phase space theory, including the rotational degrees of freedom of the reactants and products. For low energies the model shows substantial isotope effects for special product channels.

Letters to the Editor

K.-P. Dostal, H. Kupsch

Purification of Generator ^{99m}Tc through Solvent Extraction

Isotopenpraxis **16** (1980) No. 2, p. 65
– Fig., – Tab., 4 Ref.

H.-G. Koennecke, J. Leonhardt, R. Otto, A. Hennig

Knowledge of Flow Characteristics of Liquid Manure

Isotopenpraxis **16** (1980) No. 2, p. 66
1 Fig., – Tab., 2 Ref.

A. Runge

Progress in Sample Chemistry of Hydrogen for Precision Isotopic Analysis of Organic Compounds and Mineralized Waters

Isotopenpraxis **16** (1980) No. 2, p. 67 to 68
– Fig., 2 Tab., 2 Ref.

Information

Isotopenpraxis **16** (1980) No. 2, p. 68 to 70

New Books

Isotopenpraxis **16** (1980) No. 2, p. 70 to 72

Х. Иохансен, Ф. Пернер

Изотопические эффекты реакций атомного переноса в газовой фазе. I.

Isotopenpraxis **16** (1980) вып. 2, стр. 61 до 65
1 рис., 4 табл., 13 лит.

В связи со статистической теорией фазового пространства квантов с учетом степеней свободы вращения реагентов и продуктов в пределах низких кинетических энергий применительно к реакциям атом(ион)-двухатомная молекула типа $Ba + O_2$, $K + BrH$, $C^+ + H_2$ расчетом определились сечения и изотопические эффекты. В пределах низких энергий модель показывает значительные изотопические эффекты в отношении специальных каналов продуктов.

Письма в редакцию

К.-П. Досталь, Х. Купшь

Очищение генераторного ^{99m}Tc путем экстракции растворителя

Isotopenpraxis **16** (1980) вып. 2, стр. 65
– рис., – табл., 4 лит.

Х.-Г. Кеннеке, И. Леонхардт, Р. Отто

Знание о характеристике течения навозной жижи

Isotopenpraxis **16** (1980) вып. 2, стр. 66
1 рис., – табл., 2 лит.

А. Рунге

Прогресс в деле пробной химии водорода для прецизионного изотопного анализа органических соединений и минерализованных вод

Isotopenpraxis **16** (1980) вып. 2, стр. 67 до 68
– рис., 2 табл., 2 лит.

Новости

Isotopenpraxis **16** (1980) вып. 2, стр. 68 до 70

Новая литература

Isotopenpraxis **16** (1980) вып. 2, стр. 70 до 72

Contents

FSC
www.fsc.org
MIX
Papier | Fördert gute Waldnutzung
FSC® C083411

Zeitfracht Medien GmbH
Ferdinand-Jühlke-Straße 7
99095 Erfurt, Deutschland
produktsicherheit@kolibri360.de